2013年，贺成功参加全国第五次中医学术流派交流会

2019年，贺成功荣获安徽省中医药科学技术奖二等奖

2018年，贺成功荣获2017年度安徽省科学技术奖二等奖

2021年，贺成功荣获2020年度中国针灸学会科学技术奖三等奖

2020年，龙红慧发明的"实按灸治疗器"在安徽省护理学会创新发明大赛中荣获二等奖

2021年，贺成功荣获2020年度安徽省科学技术奖三等奖

2019年，龙红慧在中华中医药学会首届中医护理技术创新大会展示中获得第三名

2021年，贺成功荣获中国民族医药协会科学技术进步奖二等奖

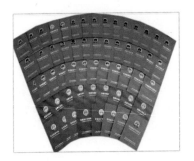

贺成功获得的部分专利的证书

2021年，贺成功获得第六批全国老中医药专家学术经验继承人出师证书

国家中医药管理局第六批全国老中医药专家学术经验继承项目
安徽省非物质文化遗产建设项目
国家中医药管理局蔡圣朝名医传承工作室资助项目
新安医学实验室资助项目

贺氏

针灸器械学术流派研究

◎

蔡圣朝 主审

贺成功 龙红慧 编著

时代出版传媒股份有限公司
安徽科学技术出版社

图书在版编目(CIP)数据

贺氏针灸器械学术流派研究 / 贺成功,龙红慧编著.
--合肥:安徽科学技术出版社,2022.5
ISBN 978-7-5337-8568-0

Ⅰ.①贺… Ⅱ.①贺…②龙… Ⅲ.①针灸器械-中国流派-研究 Ⅳ.①TH789

中国版本图书馆 CIP 数据核字(2022)第 007481 号

HESHI ZHENJIU QIXIE XUESHU LIUPAI YANJIU

贺 氏 针 灸 器 械 学 术 流 派 研 究 贺成功　龙红慧　编著

出 版 人:丁凌云　　选题策划:王　宜　王丽君　　责任编辑:王丽君
责任校对:戚革惠　　责任印制:梁东兵　　　　　　装帧设计:冯　劲
出版发行:安徽科学技术出版社　　　　http://www.ahstp.net
　　　　(合肥市政务文化新区翡翠路 1118 号出版传媒广场,邮编:230071)
　　　　电话:(0551)63533330
印　　制:合肥创新印务有限公司　　　电话:(0551)64321190
(如发现印装质量问题,影响阅读,请与印刷厂商联系调换)

开本:710×1010　1/16　　印张:9.25　插页:1　　字数:200 千
版次:2022 年 5 月第 1 版　　2022 年 5 月第 1 次印刷

ISBN 978-7-5337-8568-0　　　　　　　　　　　　定价:48.00 元

前　言

　　《黄帝内经》比较系统地提出了中医"治未病"的学术思想,并把针刺治未病的医者称为"上工",《灵枢·逆顺》中云:"上工刺其未生者也。"中医"治未病"思想代代相传,在夏季三伏天,针刺防治疾病被称为"伏针",艾灸防治疾病被称为"伏灸",还有足三里化脓灸预防疾病,谓"若要安,三里常不干"。

　　针灸学是一门实践性很强的应用科学,其培养目标是加强实践环节的培训和提高解决临床实际问题的能力。安徽中医药大学第二附属医院现有两项非物质文化遗产项目,分别为周氏梅花针灸和贺氏针灸器械制作技艺,各自传承数百年。我院针灸器械及教具获得多项教学及科研奖励,并在针灸实训过程中首创了符合针灸特点的"针灸互动式体验实训教学法"。吹灸仪和通脉温阳灸温灸器在2016年安徽省首届高等学校自制实验教学仪器设备展评活动中分别获得二等奖、三等奖。"艾灸器械制作及其临床应用"获得2019年度安徽省中医药科技进步奖二等奖,"中医艾灸关键性治疗技术和辅助技术研发及应用"获得2020年度安徽省科学技术进步奖三等奖,"隔物灸创新技术研发及应用"获得2020年度中国针灸学会科学技术奖三等奖。

　　本书分为三章,分别从概述、针灸器械、温灸器灸法等方面详细描述了贺氏针灸器械学术流派的特色和成果,适合从事针灸临床、护理、科研、教学工作者使用。由于笔者学识所限,书中难免有不当之处,敬请指正。

目　　录

第一章 贺氏针灸器械学术源流

第一节 传承于传统针灸

针灸器械是针灸治疗的载体,也是针灸水平进步的标志。贺氏针灸器械学术流派是在贺氏家传木工技艺的基础上发展而来的,植根于传统针灸器械与疗法,并且受到周楣声家传梅花针灸学派的影响。针灸器械的创新既要有扎实的针灸学基础,又要有一定的设计制作方面的经验积累,贺氏针灸器械学术流派符合以上两点要求,是中医针灸流派中以针灸器械为专长的学术派别。

贺氏针灸器械学术流派与传统针灸一脉相承,既有继承,又有创新,逐渐形成自己的学术特色,专注于针灸器械的研究。中医针灸具有数千年的历史,形成了完备的理论体系,包括器械、操作和治疗方法、适应证、禁忌证等内容。针灸器械与方法自《黄帝内经》记载以来,历经2 000余年的发展,如今随着科技水平的不断提高,针具、灸具种类与内容不断丰富。

一、传统针灸是源头活水

针灸是我国古代劳动人民创造的一种独特的医疗方法,有着悠久的传承历史,也是中国传统医学文化的重要组成部分,为中华民族的繁衍昌盛做出了杰出的贡献。针灸主要由"针"和"灸"构成,是人们利用金属针具或艾炷、艾卷,在人体特定的部位进针、施灸,用以防治疾病,解除病痛,其内容包括针灸理论、腧穴、针灸技术以及相关器具,在形成、应用和发展的过程中,具有鲜明的中华民族文化与地域特征,是基于中华民族传统文化和传统科学产生的宝贵文化遗产,现已在世界上183个国家和地区应用。2010年11月,中医针灸入选世界非物质文化遗产名录。

早在新石器时代,人们就已用"砭石"砭刺人体的某一部位以治疗疾病。《山海经》中关于石针治病的早期记载有:"有石如玉,可以为针。"灸疗是在火的发现和应用后形成的，秦汉时期的《黄帝内经》中说"藏寒生满病，其治宜灸焫"，便是指灸术，书中详细描述了九针的形制，并大量记述了针灸的理论与技术。春秋战国时期，针灸疗法已经相当成熟，出现了不少精通针灸的医生，《史记》中记载的扁鹊就是其中的代表人物之一。扁鹊被誉为"中华医祖"，他起死回生的神奇针术及救死扶伤的动人事迹为后人世代传颂，至今在河北内丘等地还保留有纪念扁鹊的鹊王庙、鹊王祠及各种民间传统祭祀活动。在湖南长沙马王堆汉墓出土的《足臂十一脉灸经》和《阴阳十一脉灸经》、湖北江陵张家山汉墓出土的《脉书》中均记载有经脉的循行与主病。从四川绵阳双包山西汉墓出土的一具黑漆小型木质人形模型，其体表正、背面标有纵横方向的经脉路径，是我国迄今为止发现的最早的人体经脉模型实物。张仁、刘坚所著的《中国民间奇特灸法》中曾记载，江阴夏颧墓曾出土过明代熏灸罐，其外形如同酒瓮，高 8.3 cm，腹径 8.2 cm，罐口直径约 4 cm，罐口周围有直径约 1 cm 的四个小孔，使得邻近病变部位能同时得到熏蒸，这是一种经过改进的专业的灸疗器具。

魏晋南北朝时期已有人使用人工器具辅助艾灸，葛洪《肘后备急方·治卒中风诸急方第十九》中记载了生活器具"瓦甑"用于灸疗，"若身中有掣痛不仁、不随处者，取干艾叶一斛许，丸之，纳瓦甑下，塞余孔，唯留一目。以痛处著甑目，下烧艾以熏之，一时间愈矣"。

到了隋唐时期，针灸学发展成为专门学科，针灸著作倍增，内容丰富多彩，针灸被正式列入国家的医学教育课程，在太医署专设有针博士、针助教、针师、针工和针生等职衔，针灸器具在临床和教学中得到进一步应用。唐朝孙思邈所著的《备急千金要方·七窍病上》中记载了利用天然苇管、箭杆的中空结构传导灸热治疗疾病的医案："桂心（十八铢）、野葛（六铢）、成煎鸡肪（五两）。上三味，咀，于铜器中微火煎三沸，去滓，密贮勿泄。以苇筒盛如枣核大，火炙令少热，欹卧倾耳灌之，如此十日，耵聍自出，大如指，长一寸，久聋不过三十日，以发裹膏深塞。莫使泄气，五日乃出之。""截箭杆二寸，内耳中，以面拥四畔，勿令泄气，灸箭上七壮。"北宋时期，医官王惟一考订腧穴主治，统一腧穴定位，撰著《铜人腧穴针灸图经》一书并颁行全国，铸造了造型逼真、构造精巧的教学工具——铜人模型，对针灸学术的发展起到了极大的推动和促进作用。保健灸法，宋朝太医窦材在《扁鹊心书》中有"人之真元，乃一身之主宰……保命之法，艾灼第一"，又有"人于无病时，常灸关元、气海、命门、中脘……虽未得长生,亦可保百年寿矣"的记载。明清以降,针灸理论继往开来,技术和器具不断改进,流派纷呈,名家辈出,佳作不断,针灸疗法有了更大的发展。

明朝出现了以铜钱为灸具的铜钱灸。龚信在《古今医鉴》卷十三"癣疾篇"中记载:"每一穴用铜钱三文,压在穴上,用艾烟安钱孔中,各灸七壮。"

清朝金冶田、雷少逸所著《灸法密传》中有关于灸盏的记载:"四周银片稍厚,底宜薄,须穿数孔,下用四足,计高一分许。将盏足钉在姜片上,姜上亦穿数孔,与盏孔相当,俾药气可以透入经络脏腑也。"清朝高文晋所著《外科图说》中也绘有灸板和灸罩的图。

针灸在长期的医疗实践中,形成了由十四经脉、奇经八脉、十五别络、十二经别、十二经筋、十二皮部和孙络、浮络等组成的经络理论,以及361个腧穴和经外奇穴等腧穴与腧穴主病的知识,发现了人体特定部位之间特定的联系规律,创造了经络学说,并由此形成一套防治疾病的医学体系。

针灸疗法具有独特优势,有广泛的适应证,其疗效迅速、显著,操作方法简便易行,既可治病,又可防病,《黄帝内经》的《灵枢·官能》中说"针所不为,灸之所宜",《医学入门》亦说:"药之不及,针之不到,必须灸之。"早在唐朝,中国针灸就已传播到日本、朝鲜、印度、阿拉伯等地,并开花结果,繁衍出具有异域特色的针灸医学。到目前为止,针灸已经传播到世界140多个国家和地区,为保障全人类的生命健康发挥了巨大的作用。

针灸是在中国历代特定的自然与社会环境中发展起来的科学文化知识,蕴含着中华民族特有的精神、思维和文化精华,融汇着大量的实践观察、知识体系和技术技艺,凝聚着中华民族强大的生命力与创造力,是中华民族智慧的结晶。

二、传统针具与灸具

1.《黄帝内经》中的长针

针具是针刺治疗的工具,疾病所处的位置不同,需要用不同的针具予以治疗,《灵枢·九针十二原》中曰:"皮肉筋脉各有所处,病各有所宜,各不同形,各以任其所宜……针各有所宜,各不同形,各任其所为。"

长针是《黄帝内经》中的九针之一,用于治疗邪气深入的久痹,《灵枢·九针十二原》中曰:"九针之名,各不同形……八曰长针,长七寸……长针者,锋利身薄,可以取远痹。"为了适应临床治疗需要,长针逐渐发展为后世的芒针。芒针多用不锈钢制成,针体柔软、细长,因针尖形如麦芒而得名,刺法为平刺、斜刺、直刺。由于平刺时不宜掌握方向,因此我们发明了"Z"字形芒针,针体与针柄呈"Z"字形,钨钢材质,针体坚韧,适于平刺,可以松解软组织粘连,还有其他不同规格,如短芒针也可用作火针。

2.《黄帝内经》中的火补火泻灸法

灸法的补泻作用取决于三点,一是操作方法,二是穴位自身补泻特性,三是机体的虚实状态。自《黄帝内经》始,历代医家将艾灸以操作方法分为补与泻,《灵枢·背俞》中曰:"以火补者,勿吹其火,须自灭也。以火泻者,疾吹其火,传其艾,须其火灭也。"吹气施灸的方法至今仍有沿用,莒南县中医院用吹灸法治疗周围性面瘫,医生口吹点燃的艾条,用缓慢而持久的口气将热量送入患者外耳道内,使患者感觉到热力由外耳道内部向整个面部传导,以促使其面部微微出汗为最佳,每次治疗持续施灸45 min。由于长时间吹气,医生易因缺氧而头昏,且持续施灸占用时间过长,因此临床很少有医生使用该方法。周楣声教授最先发明了"艾电联合喷灸仪",根据四种不同病症制作了相应的药饼,加热后喷灸治疗病变部位。笔者以《黄帝内经》"火泻"灸法为依据,经过10多年反复试验,以风扇鼓风,艾条为灸材,发明了系列艾条吹灸仪,获得7项专利。

3.《伤寒论》中的温针灸

温针灸是将艾炷或艾条段附着于针尾,是针刺与艾灸两种传统外治法的结合。温针之名首见于《伤寒论》第117条:"烧针令其汗,针处被寒,核起而赤……灸其核上各一壮。"《针灸大成》中记载:"其法,针穴上,以香白芷作圆饼,套针上,以艾灸之,多以取效……此法行于山野贫贱之人,经络受风寒者,或有效。"温针灸操作时,艾炷或艾条更换两到三次,因不能行针发挥不了针刺的优点,我们改进温针灸治疗方法,发明了水平式温针灸器、垂直式温针灸器、温针灸盒、温针灸架、帽式温针灸器等温针灸治疗器。

4.《肘后备急方》中的瓦甑灸法

瓦甑是陶制的炊器,《后汉书·礼仪志下》《录异记·鬼神》均有记述,宋代陆游《小疾自警》中有诗曰:"淖糜煮石泉,香饭炊瓦甑。"古人受瓦甑外形的启发,将其应用于灸法,称为"瓦甑灸",是现有文献记载中较早的温灸器灸法。晋代葛洪《肘后备急方》卷三中记载了将瓦甑当作灸具使用:"若身中有掣痛不仁、不随处者,取干艾叶一斛许,丸之,纳瓦甑下,塞余孔,唯留一目。以痛处著甑目,下烧艾以熏之,一时间愈矣。"瓦甑灸给现代灸具的创新提供了思路和启迪,我们据此设计了木质温灸盒、陶质温灸器。

5.《肘后备急方》中的隔物灸

葛洪的《肘后备急方》中载有诸多隔物灸法,包括隔蒜灸、隔面灸、隔盐灸、隔豆豉灸、隔巴豆灸、隔雄黄灸,具体论述了隔物灸的制作方法、艾灸壮数、施灸步骤、施灸原则、适应证与注意事项等,奠定了后世隔物灸的基础。《肘后备急方·治痈疽妒乳诸毒肿方》第三十六全面论述了隔盐灸的操作方法和注意事项:"取独颗蒜,横截浓一分,安肿头上,炷如梧桐子大,灸蒜上百壮,不觉消,数数灸,唯多为善。勿令大热,但觉痛即擎起蒜,蒜焦更换用新者,不用灸损皮肉,如有体干,不须灸。"以温灸器为媒介施行隔物灸称为"温灸器隔物灸",依据隔衬物是否含水分,又分为干热灸法和湿热灸法,可借助隔物足灸盒、通脉温阳灸治疗器、胸阳灸灸盒、肢体灸灸盒、头颈灸灸盒、脐腹灸灸盒在身体各部施以隔物灸。

隔盐灸主治中风厥症、阴寒之症。

隔附子饼灸神阙温肾壮阳,隔盐灸脐中回厥救急,两种灸法广泛应用于各科疾患之症属虚寒者。明朝张介宾所著《类经图翼·诸症灸法要穴》中曰:"人有房事之后,或起居犯寒,以致脐腹痛极频危者,急用大附子为末,唾和作饼如大钱厚,置脐上,以大艾炷灸之。如仓卒难得大附,只用生姜,或葱白头切片代之亦可。"清朝廖润鸿所著《针灸集成霍乱》中曰:"霍乱转筋,入腹,手足厥冷,气欲绝,以盐填脐中,大艾炷灸之,不计壮数,立效。"

灸关元穴可回阳固脱,治疗腹痛证属虚寒者尤佳,唐朝《黄帝明堂灸经》中记载:"关元一穴,在脐下三寸陷者中。灸五壮。主贲豚,寒气入小腹,时欲呕,溺血,小便黄,腹泻不止,卒疝,小腹痛,转胞,不得小便。岐伯云:但是积冷虚乏病皆宜灸之。"

6.《千金翼方》中的苇管灸

治疗耳道、耳郭、内耳疾病的灸法称为"耳灸",唐朝孙思邈记述的苇管灸是最早的直接在耳部施灸的灸法,《千金翼方·卷二十六》治疗中风口歪:"以苇管筒长五寸,以一头刺耳孔中,四畔以面密塞,勿令泄气,一头纳大豆一颗,并艾烧之令燃,灸七壮。"《千金翼方·卷六》治疗耳病:"截箭杆二寸,内耳中,以面拥四畔,勿令泄气,灸筒上七壮。"明清时的《针灸大成》《针灸集成》也有记载。吹灸仪和温管灸治疗器是两类治疗耳病的灸具。

7.《寿域神方》中的按摩灸

艾条产生之初即具有按摩和艾灸两种外治法的特点,《寿域神方》中说:"用纸实卷艾,以纸隔之点穴,于隔纸上用力实按之,待腹内觉热,汗出即瘥。"此后出现的雷火针、太乙神针,是加了药物之后的药艾条,仍具有按摩灸的特点。《针灸大成》中所载雷火针法云:"按定痛穴,笔点记,外用纸六七层隔穴,将卷艾药,名雷火针也。取太阳真火,用圆珠火镜皆可,燃红按穴上,良久取起,剪取灰,再烧再按,九次即愈。"叶圭认为,艾卷实按灸"实按一法,轻则布易燃,重则火易灭。均有微碍"。应用按摩灸治疗器施行治疗则克服了以上两个缺点,将按摩手法中的滚法、按法、揉法、推法、点穴、摩法、擦法、拍法、击法、抹法、足底按摩及刮痧方法借助相应按摩灸温灸器操作,形成了按摩灸十二法:滚灸法、按灸法、揉灸法、推灸法、点穴灸法、摩灸法、擦灸法、拍灸法、击灸法、抹灸法、足底按摩灸法、痧灸法。

8. 核桃壳灸

眼睛疾病一般禁止局部艾灸治疗,但是改进艾灸方法后,在眼部隔核桃壳灸治疗眼部疾病则打破了这个禁忌。隔核桃壳灸是一种隔物灸法,其方法记载于清朝顾世澄所著的《疡医大全·卷八·艾灸门主方》中,用以治疗外科疮疡肿毒:"桃壳灸法(《毕驿承集》)为大核桃劈开后,去肉,壳背钻一孔,内填溏鸡屎令满,将有屎一面合毒顶上,孔外以艾灸之。不论壮数,惟取患者宽快,壳热另换一壳。如法灸之,其毒立好,真奇方也。"叶成鹄和李志明教授改进了《疡医大全》所述的桃壳灸法,先将核桃壳在菊花水中浸泡3~5 min,再固定在废弃的眼镜架上,眼镜架前固定一段铁丝,将点燃的艾条段插在铁丝上,熏烤核桃壳,艾热再内传眼睑、眼球,以达到治疗眼病的目的,称为"隔核桃壳眼睛灸",临床用以治疗视神经萎缩(青盲和视瞻昏渺)、近视、老年性白内障、麦粒肿(睑腺炎)、急性结膜炎和角膜炎等眼疾。我们在传统隔核桃壳灸的基础上,发明了眼灸治疗器,用于治疗眼病。

《黄帝内经》中记载的九针是较早的关于针具的总结,砭石是九针的源头,砭石作为外治法最早的工具,是针灸九针的雏形。从《黄帝内经》古九针到师怀堂新九针,从瓦甑到灸架,有关针灸器械的研究一直绵延不绝,推动了针灸学术的进步。艾叶作为艾灸疗法的原材料,在艾灸保健和治疗需求日益增长的情况下供不应求。原先艾叶多由野外采集而来,目前已在良田大面积种植,但是艾灸方法的落后,导致艾叶利用度和灸法操作流程滞后,造成大量浪费。贺氏针灸器械流派有明确的研究方向,立足临床需要,将艾灸方法学、器械学、药物学、治疗保健学、分类学及标准化操作流程作为研究方向。

三、灸材

1.艾叶

艾叶在全国多个地方均有出产,以蕲艾为佳。

蕲艾,菊科植物艾(*artemisia argyi levl.et vant. cv*),高 150~250 cm,香气浓烈;叶厚纸质,被毛密而厚,中部叶羽状浅裂,上部叶通常不分裂,叶片呈椭圆形或长椭圆形,长者可为7~8 cm,宽1.5 cm,叶揉之常呈棉絮状;入药,性温,味苦、辛、微甘。蕲艾挥发油含有乙酸乙酯(*ethyl acetate*)、1,8-桉叶油素、水合莰烯(*camphene hydrate*)、樟脑、龙脑(*borneol*)等,还含侧柏酮。药理分析发现,挥发油对多种霉菌、球菌、杆菌有抑制作用,还有平喘、镇咳功效。明代李时珍所著《本草纲目》中记载"艾叶自成化以来,以蕲州者为胜,用充方物,天下重之,谓之蕲艾"。蕲艾全草入药,有温经、去湿、散寒、止血、消炎、平喘、止咳、安胎、抗过敏等功效。

制作艾条的艾绒必须预先制备,取陈艾叶经过反复晒杵、筛选,除去杂质,令其软细如绵,此艾绒为粗艾绒,一斤(500 g)可得六七两(1两=50 g),适用于一般灸法。再对以上艾绒进行精细加工,经过数十日晒,筛拣数十次,一斤只得二三两,变为土黄色,为细艾绒,可用于直接灸法。艾绒质量的好坏可以通过色泽、气味、手摸质感等来鉴别。

(1)艾绒的色泽:好艾绒呈土黄色,夹极少量的绿色,黑色茎的颗粒细小。而劣质艾绒呈青色、青黑色,茎的颗粒很大、很多。

(2)艾绒的气味:品质好的艾绒气味芳香且清淡、不刺鼻,品质差的艾绒味道很浓且刺鼻,更差的艾绒还有霉味。

(3)手摸艾绒的质感:好的艾绒柔软细腻、容易抱团且不会完全散掉,差的艾绒手感粗糙、易散落。

(4)感觉艾火:好艾条火力柔和不烈,渗透力强;差艾条火力刚烈,渗透力不强,易有灼痛感。

(5)燃烧速度:高比例的艾条由于艾绒细腻蓬松,比低比例的艾条的杂质要少很多,所以高比例的艾条燃烧速度比低比例的艾条要快。

(6)艾条燃烧后的灰烬:品质好的艾条燃烧后的灰烬是灰白色的,摸起来细腻柔滑,不容易散落;品质差的艾条燃烧后的灰烬是黑灰色的,易四处散落,摸起来粗糙、有颗粒感。

2.艾制品

施灸时所燃烧的用艾绒制成的圆锥形小体,称为"艾炷"。古代的艾灸,以艾炷灸法最为盛行。古代艾炷的形式分为圆锥形艾炷、牛角形艾炷和纺锤形艾炷。

《扁鹊心书》中曰:"凡灸大人,艾炷须如莲子,底阔三分,务要坚实;若灸四肢及小儿,艾炷如苍耳子大;灸头面,艾炷如麦粒大。"

桑皮纸,呈淡黄色,古时又称"汉皮纸",起源于汉代。其以桑树皮为原料,故称桑皮纸,是制作艾条时的用纸。艾条又称"艾卷",最早见于明初《寿域神方》的记载。

药物的药力作用是艾灸起效的因素之一,将药物粉碎后加入艾中制成的艾炷称为药艾炷,将药物加入艾中制成的艾条称为药艾条,如雷火神针、太乙神针、百消神针等。

无烟艾条(艾炭):取净艾叶置锅内,用武火炒至艾叶变成黑色,用醋喷洒,拌匀后过铁丝筛,未透者重炒,取出,晾凉,防止复燃,3 d后贮存。

《中国药典》药艾条处方:艾叶 2 400 g,桂枝 125 g,高良姜 125 g,广藿香 50 g,降香 175 g,香附 50 g,白芷 100 g,陈皮 50 g,丹参 50 g,生川乌 75 g。

上十味,艾叶碾成艾绒,其余桂枝等九味粉碎成细粉,过筛,混匀。先取艾绒 20 g,均匀平铺在一张长 28 cm、宽 15 cm 的白棉纸上,再均匀散布上述粉末 8 g,将棉纸两端折叠约 6 cm,卷紧成条,黏合封闭,低温干燥,即得。

性状:呈圆柱状,长 20~21 cm,直径 1.7~1.8 cm;气香,点燃后散发持久、气味特异的烟,且不熄灭。

第二节　师承于梅花针灸

安徽自古以来就是中医药文化的发源地之一,素有"南新安、北华佗"之称,名医辈出。梅花针灸学派是现代安徽中医流派的杰出代表,有近 300 年的历史,传承九代,于 2017 年入选安徽省非物质文化遗产名录。

一、梅花针灸代表性传承人

1.周树冬

周丙荣(1862—1915年)，字树冬，梅花派第四代传承人，梅花派因梅花针灸学派第四代传人周树冬素好梅花而得名，"……我今新谱梅花诀，梅花沁心能去疾。年年寂寞在深山，不以无人花不发……光绪壬寅春王月天长沂湖，周丙荣树冬撰"(《金针梅花诗钞·诗序》)。周树冬，天长市人，梅花针灸派第四代传人，受业于乃叔又渠公，著有《金针梅花诗钞》。《金针梅花诗钞》是梅花针灸学派主要针法典籍之一，是周楣声于1957年无意间在姑母家发现的，《金针梅花诗钞·前记》中云："1957年夏，余做客于姑母家，为之整曝残书自遗，无意间得《金针梅花诗钞》一稿于故纸堆中，先人手泽赫然在目，悲喜之情实难名喻。"由于战乱，"手稿已散失殆尽"(《金针梅花诗钞·诗序》)，其内容又经周楣声1980年增损重订后出版，该书被称为"继《针灸大成》后又一部重视针刺方法，并有所创见的针灸学专著"(《针刺手法100种》，陆寿康、胡伯虎、张兆发编著)。《金针梅花诗钞》不但记载了梅花派特色导气法(通气法、调气法、助气法、运气法)和诱、敲、压、通气、调气、助气、动气等梅花派特色针刺手法，还记载了不同于子午流注针法的周氏家传脏气法时时间针法和移光定位时间针法。

2.周楣声

周楣声(1917—2007年)，是全国首批名老中医药专家学术经验继承指导老师，享受国务院特殊津贴，"梅花针灸学派"第六代传人，曾任中国针灸学会顾问、安徽省灸法学会会长等职。其对中医针灸理论做出重大贡献，受到国内外同行的尊敬和赞誉，被中华中医药学会授予"首届中医药传承特别贡献奖"。

周楣声出身于安徽省天长市的一个中医世家，幼承家学，博览旁收，弱冠即施诊于乡里。幼年对金石书画均有涉猎，古典文学基础深厚，能诗能文。中年以后专事针灸，对灸法尤为擅长。早年曾行医于皖东、苏北一方。1943年参加新四军中由方毅同志组织的"新医班"，学习中西医理论知识并结业，后在新四军举办的半塔"保健堂"行医。新中国成立之初，百废待兴，当时因缺医少药，遂广泛应用农场中随处可见的艾草治病，周楣声在此期间观察、积累了大量的灸法临床病例，完成了《灸绳》初稿。1985年该书作为全国灸法讲习班的教材，书中初步总结了"灸感三相"灸法感传规律，提出"热证贵灸"。

1979年，周楣声经滁州市卫生局推荐，并经安徽省卫生厅批准为安徽省名老中医，同年调入安徽中医学院（现为"安徽中医药大学"）针灸教研室工作；1984年参加全国第一所针灸医院的重建及医疗、教学工作。周老晚年退而不休，著书立论，从事灸器的研制工作，把全部精力都集中在针灸事业上，对针灸特别是灸法尤为推崇和擅长，一生为推广灸法而奔走，曾言"桑榆虽晚，终存报国之心；灸道能兴，愿效秦庭之哭"，可以想见其献身灸法事业的抱负与决心。

周楣声教授毕生致力于弘扬祖国医学，授业传道，著书立说，先后出版《灸绳》《针灸歌赋集锦》《针灸经典处方别裁》《针灸穴名释义》《黄庭经医疏》《周氏脉学》《金针梅花诗钞》《针铎》《填海录》等书，在国内外均享有极高声誉。周老的代表作《灸绳》见解精辟，立论新颖，他的"热证宜灸、热证贵灸"学术思想在国内外同行中得到广泛认同，《灸绳》被奉为灸法入门必读之书。

周楣声教授大力推行"灸具改革，灸法创新"，他认为灸效之不彰，主要在于灸法之原始，先后研制了喷灸仪、灸架、点灸笔等10余种灸具，获得多项国家专利，至今仍广泛应用于临床。

周楣声教授首倡"热证贵灸"。灸法是我国最古老的中医外治法之一，具有数千年的历史。但是灸法在发展的过程中一直存在"热证是否可用灸法治疗"的争论，周楣声教授在长期灸法临床实践过程中观察到，灸法治疗阳证疮疡、红眼病、外感发热性疾病疗效显著。1984年到1987年，周老在砀山县应用灸法协助治疗流行性出血热，明显提高了治疗效果，从而得出"热证贵灸"的论断。灸架灸治疗流行性出血热病例，火针代灸治疗流行性出血热所致的腰痛，灸架熏灸百会抢救高热昏迷的患者，《灸绳》中记载了大量类似病例。

周楣声教授总结了"灸感三相"的灸法感传规律。艾热治疗位置稳定、作用集中、热力均衡、时间持久、始终作用于一点，当局部力量蓄积到一定程度时，感应离开灸处，开始向病处及远方蔓延，称为灸法感传，是灸法诊断、治疗和判断灸量的依据。

周楣声教授的三种特色灸法诊疗技术分别是压痛穴诊疗术、灸感三相诊疗术、阳光普照法诊疗术。

3.蔡圣朝

蔡圣朝(1957—　　),男,合肥人,教授,主任医师,硕士研究生、博士研究生导师,周楣声的学术继承人,梅花针灸学派第七代传人,全国第五批、第六批老中医药专家学术经验继承工作指导老师,安徽省首批江淮名医,安徽省名中医。蔡圣朝出身中医世家,1974年跟随父亲学习中医,1978年进入安徽中医学院中医专业学习,1991年成为全国首批名老中医周楣声主任医师学术继承人。现任全国灸法学会副主任委员、安徽省针灸学会常务理事、安徽省灸法学会副会长、安徽省风湿病学会副主任委员、安徽省卫生厅学术评审专家委员会成员、国家中医药管理局老年病重点专病专科学术带头人、安徽中医药学会老年病专业委员会主任委员、安徽省中医药学会常务理事,曾任安徽省针灸医院灸法研究室主任、针灸教研室主任。

二、师承梅花针灸学派

周楣声教授提倡"改革灸具,创新灸法",他认为灸效之不彰,主要在于灸法之原始,灸具灸法创新乃是发扬与振兴灸法的一项必要措施,先后发明了喷灸仪、灸架、点灸笔等20余种温灸器。蔡圣朝主任医师认为,传统灸法费力费时,艾烟在起治疗作用的同时也会污染治疗室内的空气,因此灸具灸法必须改革创新。贺成功继承了周楣声教授和蔡圣朝主任医师的研究成果和经验,确立了自己的研究方向:针灸器械和方法的研究。

贺成功从小跟随父亲学习木工手艺,1994年考上山东省中医药学校学习中医,毕业后从事针灸临床工作。当时的艾灸方法比较原始,自《内经》始,历代医家将艾灸以操作方法分为补和泻:艾炷或艾条自然燃烧为火补,以嘴吹气加速艾条或艾炷燃烧为火泻。

为提高学术水平,贺成功2000年到山东省中医院针灸科进修,针灸科主任张登部主任讲"我们从事针灸的医生都要看看周楣声教授的《灸绳》"后,贺成功随即购买了周楣声的有关家传梅花派针灸的学术著作《金针梅花诗钞》和《灸绳》,从此他与梅花针灸学派和针灸器械结下了不解之缘。

《灸绳》中虽然介绍了喷灸仪、点灸笔等艾灸器械的制作方法,但既无实物,也无图形,于是贺成功自行设计、改进了喷灸仪,发明了灸盒和以艾条为灸材的吹灸仪。2009年,他考入安徽中医学院研究生院针灸推拿专业,师从梅花针灸学派第七代传人蔡圣朝医师,继承了梅花针灸学派特色的针法、灸

第一章　贺氏针灸器械学术源流

法,并将家传的木工技艺与针灸器械结合起来,取得了显著的成就。2012年毕业后,他留任安徽省针灸医院工作,一边从事针灸临床工作,一边进行针灸器械的发明与创新,自此,他将贺氏针灸器械的研究中心转移到安徽合肥,并建立了贺成功针灸器械研究工作室。

第三节　贺氏家传木工技艺

贺氏针灸器械流派源于对贺氏家传木工技艺和周氏梅花派的传承。滕州市旧称藤县,古为"三国五邑之地,文化昌明之邦",是贺氏家传木工的发源地,也是有"百工圣祖"之称的鲁班的故里。

1.贺氏家族最近的两次迁移

贺氏家族有两次有据可考的迁移,一是从东郭迁小党朗山村、夏庄村,一是从夏庄迁店子镇。店子镇现在位于山亭区西北部,新中国成立前属滕县,1983年11月15日划归山亭区。

第一次迁移发生于清朝乾隆年间,从滕州市东郭迁到9.57 km以外的小党山村、夏庄村,《滕州市民政志·小党山》中记载:"小党山位于东郭镇政府驻地北部5.4千米,耕地面积26公顷,共372人。清朝乾隆年间,贺氏从东郭来此建村,因西邻党郎山村,故称小党郎山。1949年改为小党山。"从以上记载中可以看出,一是贺氏在乾隆年间从东郭陆陆续续迁徙至小党山村和相邻的夏庄村居住,距今已有200多年;二是小党山土地稀少,养活不了那么多人,可能是人口外迁的原因之一。

第二次迁移是在约150年前,传承人贺传海随父亲(名字不详)从夏庄村迁到15 km外的店子村,以做木工、务农为生。制作给花生脱壳的榷筛是贺家世代相传的手艺,闲暇时他为周围乡亲加工农具、家具,他的木工制品还远销周边的临沂、济宁、枣庄等地区,人称"贺木匠"。贺现方、贺现云兄弟二人子承父业。贺现方为人朴实,技艺精湛,木工手艺闻名方圆数百里,后将木工手艺传子贺振庭。贺振庭传徒授业,传子贺德山(长子)、贺德河(次子)、贺德湖(四子)、贺德(六子)。贺德河又将木工手艺传给贺成国(长子)、贺成功(次子)、贺成艳(女)。贺成国次子贺兴辉从小受家庭环境熏陶,高考填报志愿选择了机械制造与设计专业。

2.贺氏木工技艺特点

贺氏木工技艺世代相传,至少有300年历史,可惜家谱在"文革"中毁损。

地缘上,东郭、小党山、店子三地相距较近,有共同的物产、相近的地理环境,经济上往来密切,联系频繁。东郭到小党山全程约9.57 km,小党山到店子最近距离为17.7 km,从店子到东郭全程约16.3 km。花生最适合在丘陵地带生长,也是三地共同的物产,东郭镇的经济发展状况为:"东郭后村、香台、白河的花生脱壳加工……具规模优势。"贺氏在店子镇以务农和做木工为生,其代表性产品正是与花生脱壳有关的榷筛,此为贺氏所独有,未闻其他地方有制作,东郭镇是该工具传统的销售地,且该工具的部分部件一直由东郭镇的几家铁匠铺制作。

店子镇还盛产枣树,该树比较耐旱,生长慢,木材坚硬细致,不易变形,因此枣树的树干适合制作榷筛。在过去交通不是很发达的时期,为靠近木材产区,减少交通障碍,可能是贺氏迁徙店子镇的原因之一。比如在1990年之前,从店子到东郭销售榷筛基本上靠徒步前往。

因用于给花生脱壳的榷筛需人力手工操作,比较累,故市场上出现了电动花生脱壳机,加之年轻人不愿从事木工这个行业,因此贺氏木工技艺面临生存危机。

3.贺氏针灸器械的特点

贺氏针灸器械流派传人秉承"忠厚传家"祖训,用料讲究,做工精细,实用性强,贺氏针灸器械的代表性作品具有独创性、实用性、文化性和艺术性等特点。材质有木制、铁制或木铁结合,考虑环保、经济等因素,在保留传统工艺的基础上将现代技术完美融入,与时俱进。该流派传人发明创造的温灸器设计制作简洁实用、安全环保,提高了临床工作效率。

(1)针具

"Z"字形芒针:芒针最早见于《灵枢·九针十二原》"九针"中的"长针",长针长7寸(1寸≈3.33 cm),取法于綦针,锋利身薄,主治深痹和病在中者。如《灵枢·九针论第七十八》中曰:"主取深邪远痹者也。"《灵枢·官针第七》中曰:"病在中者,取以长针。"芒针由长针发展而来,因针具的形状细长如麦芒而得名,多由纤细富有弹性的不锈钢丝制成。但是由于芒针针体柔软纤细,进针难度大,故经过多次改进后演变成了"Z"字形芒针,针柄与针体之间呈"Z"形,选用制作火针的钨钢,针体细硬有韧性,兼具火针和芒针两种针具的特性。

除了芒针外,贺氏针灸器械流派传人还发明了储针钳,将毫针存放与消毒合二为一,方便针灸治疗。

(2)灸具

辅助性艾灸器械:艾烟一直是艾灸治疗的难题,贺氏针灸器械流派传人先后发明了"艾烟净化车""侧吸式艾烟净化器",并且将艾烟净化器与艾灸治疗床相结合,发明了"无烟艾灸治疗床",将实按灸与排烟技术相结合,发明了"无烟型实按灸治疗器"等器械。在治疗室内,固定安装艾灸聚烟罩并连接排烟系统,在艾烟散发于空气中之前将其排至室外,这是最早发明的聚烟、排烟方法。其他尚有"成批艾炷制作器""艾条点火炉""艾条炭化管""姜片切割铡刀"等发明。

治疗性艾灸器械:用于艾灸治疗的器械,保留了传统灸法以艾叶为原料,在穴位、较大面积部位施灸的特点,又有所发挥。使用手持式吹灸仪在经络体表循行线逆经或顺经施灸,是现有的艾炷灸、艾条灸、温针灸的延续;温灸器灸法所用的器械也演变发展为温针灸治疗器、足灸治疗器、脐腹灸治疗器、胸阳灸治疗器、肢体灸治疗器、艾炷灸治疗器、隔物灸治疗器、头颈灸治疗器、温管灸治疗器、颈肩灸治疗器、化脓灸治疗器、通脉温阳灸治疗器。

贺氏针灸器械流派传人在《黄帝内经》"火泻"灸法操作的基础上,以清艾条、药艾条为灸材进行治疗,发明了多功能艾条吹灸仪、台式吹灸仪、手持式吹灸仪、支架式吹灸仪、无烟药豆吹灸仪、分体式吹灸仪治疗头。

贺氏针灸器械流派传人在古人艾卷灸、太乙神针、雷火神针等灸法的基础上,发明了不同的按摩灸治疗器,将按摩手法中的擦法、按法、揉法、推法、点穴、摩法、擦法、拍法、击法、抹法、足底按摩及刮痧方法借助相应的按摩灸温灸器操作,形成了擦灸法、按灸法、揉灸法、推灸法、点穴灸法、摩灸法、擦灸法、拍灸法、击灸法、抹灸法、足底按摩灸法、痧灸法等按摩灸十二法。

温管灸也称苇管灸,用温管灸治疗器代替传统苇管施灸,艾炷、艾条段皆可,有更大的操作空间。

(3)灸具灸法分类

根据灸具的使用目的、用途,灸法的作用,隔物灸隔衬物特点,按摩灸治疗特点,施灸后皮肤是否起泡、化脓及皮肤感觉,温灸器操作特点,灸法作用效应,是否有隔衬物,灸量大小,施灸部位,等等,予以分门别类。

（4）灸药

药物是艾灸疗法的重要因素之一，作为灸材的药艾炷、药艾条及相关艾制品、隔物灸隔衬物，一直是我们研究的内容之一。艾叶又称冰台、香艾、蕲艾、艾蒿等，性温，味苦、辛，入脾、肝、肾，《本草纲目》中记载，艾以叶入药，性温、味苦、无毒，具纯阳之性，通十二经，具回阳、理气血、逐湿寒、止血安胎等功效。临床根据治疗目的，配制数种药物配方，借助吹灸仪将药物的温热药气喷出，作用在穴位、体表经络循行线、患病局部，达到治疗保健的目的。

4. 贺氏针灸器械研究方向

《黄帝内经》记载的九针是较早的关于针具的总结，也有学者认为砭石是九针的源头，砭石作为外治法最早的工具，是针灸九针的雏形。从《内经》古九针到师怀堂新九针，从瓦甑到灸架，针灸器械的研究一直绵延不绝，推动针灸学术的进步。艾叶作为艾灸疗法的原材料，在患者对艾灸保健和治疗需求日益增长的情况下供不应求，艾叶已由野生获得到利用良田大面积种植，但与之相应的却是艾灸方法落后、艾叶利用率降低、灸法操作流程滞后，这些问题日渐突出，亟待解决。

贺氏针灸器械流派有明确的研究方向，其立足临床需要，将艾灸治疗学、方法学、器械学、药物学、灸法美学、灸法文化、治疗保健学、分类学以及标准化操作流程作为研究方向。

（1）艾灸治疗学

目前临床的艾灸治疗中，辨病施灸、辨证施灸、辨症施灸、辨体质施灸是四种应用最广泛的方法。具体包括艾灸治疗前的诊断和治疗方法的选择。针灸学独特的诊断方法：一是经络诊断，如《灵枢·经脉篇》中介绍的十二正经"是动病""所生病"的临床表现和治疗原则；二是穴位诊断，特定穴位的压痛、触痛是穴位诊断的方法。梅花针灸学派第六代传人周楣声教授数十年灸法临床经验所形成的灸感三相诊疗术、阳光普照法诊疗术、压痛穴诊疗术，诊断与治疗兼具。

（2）艾灸方法学

艾灸方法从古到今内容逐渐丰富，方法也日渐增多，特别是近十年的发展，可以说是日新月异。诊断明确之后，就面临灸材的选择、器械的选择、辅助器械的应用、补泻的选择，这些都是艾灸方法学要解决的问题。

（3）器械学

灸法治疗多直接使用艾炷或艾条施灸，对于一些特殊治疗部位和疾病，还需要器械的辅助。艾灸操作费力费时和艾烟问题困扰着临床医师，阻碍了灸法的推广应用，因此发明各种器械以解决上述难题是贺氏针灸器械学术流派的主要研究方向之一。

（4）药物学

治疗部位、艾热、艾药是艾灸起效的三大因素。其中，药物的应用体现在纯艾制品（艾炷、艾条）的药物作用，以及辅助药物的作用，如艾炷或艾条中所加的药物，隔物灸的隔衬物，隔姜灸、隔蒜灸、隔附子饼灸、隔黄土饼灸，药膏、药粉、药酒直接在皮肤的撒敷。单味药或复方配伍在艾灸治疗过程中的应用，以及药物应用方法均是贺氏针灸器械学术流派研究的内容。

（5）灸法美学

治疗者和受治者在艾灸过程中所感受到的艾灸之美包括：治疗环境之美，临床可以针对成人和儿童布置不同的环境，也可以针对女性、男性体现环境差异；使用器械之美，即器械除了体现实用性之外，还要体现美感，可以加入中国传统文化的元素，也可以通过外观设计和颜色搭配使之更具有美感，材料的选择要自然环保，避免有害材料给受治者带来二次伤害，同时还要注意预防空气污染，以及器械可能造成的噪声污染；节约之美，药物是一次性消耗品，应尽可能在最低耗材的情况下达到最佳疗效；除了以上这些，还有疗效之美，这也是最根本的要求，是治疗的核心。

（6）灸法文化

针灸学术流派是针灸精神性的文化体现，针灸博物馆是针灸物质性的文化体现。

（7）灸法保健

艾灸在预防保健中的应用广泛，即治未病。

（8）灸法分类

针灸学和灸法标准将艾灸分为四大类：艾炷灸、艾条灸、温针灸、温灸器灸。随着灸法和灸具的发展完善，这种分类方法已经不能满足目前的临床需要，急需研究新的分类方法。灸具的发明将多种中医外治法进行了融合，传统的温针灸是针刺和艾灸的结合，现代又出现了按摩灸、罐灸、瘀灸。

（9）标准化操作流程

标准是经验的总结，是最佳的实施方案，但也是动态变化的。新的方法、器械出现之后，原有的标准不能满足需求，要修订，所以说标准又是动态变化的。制定规范的操作流程也是贺氏针灸器械学术流派研究的内容之一。

第二章　针灸器械

第一节　吹灸仪

一、多功能艾条吹灸仪

1.发明目的及优点

　　本发明的目的是针对现有技术中操作治疗不方便、仅能火泻不能火补、效果单一等问题,提供一种操作治疗方便、既能火泻又能火补、效果显著的多功能艾条吹灸仪。

　　与现有技术相比,本发明具有以下明显优点:①本多功能艾条吹灸仪在使用时,对受治者无论坐卧皆可方便地进行施治,既可以治疗单人,也可以同时治疗多人。②本多功能艾条吹灸仪方便移动,能对治疗部位的点、线、面进行施治,还能避免烫伤。③本多功能艾条吹灸仪可以使用单个无烟艾条、两个有烟艾条,或者使用艾炷,扩大了应用范围。④本多功能艾条吹灸仪既可以用于火泻治疗,又能用于火补治疗,功能效果多样,应用范围广。

2.结构及说明(图1)

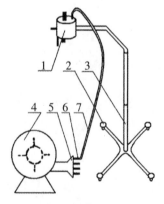

(a)多功能艾条吹灸仪实施例一结构示意图

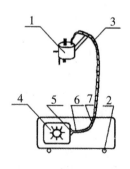

(b)多功能艾条吹灸仪
实施例二结构示意图

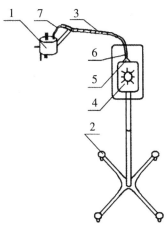

(c)多功能艾条吹灸仪实施例三
结构示意图

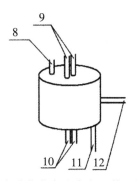

(d)多功能艾条吹灸仪盒体1实施
例一结构示意图

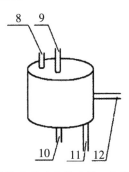

(e)多功能艾条吹灸仪盒体1实施例
二结构示意图

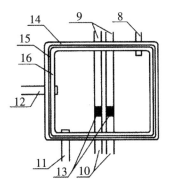

(f)多功能艾条吹灸仪盒体1的剖面图

(g)多功能艾条吹灸仪穴位治疗垫的结构示意图

1.吹灸仪盒体;2.万向轮;3.伸缩支架;4.吹风机;5.风机头;6.吹风口;7.风管;8.进风口;9.插艾管;10.落灰管;11.下治疗口;12.侧治疗口;13.透气网;14.保温层;15.耐热层;16.内壳。

图1　多功能艾条吹灸仪

3.具体实施方式

以下结合图1说明和具体实施方式对本发明做进一步的详细描述:

图1(a)、图1(d)、图1(e)所示的多功能艾条吹灸仪,包括吹风机4及其风机头5、吹风口6、风管7,以及通过进风口8连接设置的吹灸仪盒体1;吹灸仪盒体1上设置治疗口,吹风机4需要电力来提供风源,吹灸仪盒体1设置为圆柱状,其上面中央位置设置插艾管9,吹灸仪盒体1的下面中央位置则对应设置落灰管10,插艾管9的下端通过透气网13与落灰管10的上端连接。这样设置,点燃艾条以后,可以将燃烧的艾条头插到透气网13处,方便其继续燃烧。同时,在落灰管10的上端,即透气网13的底端,还设置一个"十"字形的防掉挡条,这是防止点燃的艾条跌落的装置。吹灸仪盒体1上面的一侧设置有进风口8,下面的一侧设置有下治疗口11。吹灸仪盒体1的侧面,在中央位置还设置有侧治疗口12。

如图1(a)、图1(b)、图1(c)所示,吹灸仪盒体1固定在固定装置的顶端,且盒体1与万向轮2和伸缩支架3相连。这样设置,可方便本多功能艾条吹灸仪移动,可以对需要治疗的点、线、面三种区域进行施治。例如,对治疗点进行集中施治,对治疗的线沿着穴位线或经络进行来回施治,对治疗面进行来回环绕施治。在使用过程中,通过缓缓移动万向轮2、调整好伸缩支架3,受治者无论坐卧位,皆可以对其进行施治,同时还能避免集中对一个区域施治可能造成的烫伤。伸缩支架3内部设置风管7,风管7还依次连接吹风口6、风机头5和吹风机4。如图1(b)所示,吹风机4与底座设置为一体,设置在底座内,风管7设置在伸缩支架3内部;或者如图1(c)所示,吹风机4与伸缩支架3设置为一体,设置在支架的顶端,伸缩支架3的底部,风管7设置在伸缩支架3内部。

如图1(d)、图1(e)所示,插艾管9设置为1~2个。通过这样设置,本多功能艾条吹灸仪可以使用单个无烟艾条、两个有烟艾条,或者使用艾炷,扩大了应用范围。如图1(f)所示,吹灸仪盒体1的壁从外到内依次设置保温层14、耐热层15、内壳16。这样设置,大大提高了保温效果和灸疗效果,同时节约了成本。吹风口6设置为1~8个。本多功能艾条吹灸仪既可以进行单人治疗,也可以进行多人同时治疗。

落灰管10的下口处设置有封堵盖。这样设置,既方便操作,又可以保持艾灸时的卫生。治疗口开口处设置有封堵盖,将侧治疗口12堵上,可以选择下治疗口11对躺着的患者进行治疗,或者将下治疗口11堵上,选择侧治疗口12对坐位的患者进行治疗。这样,受治者无论坐卧位,皆可以方便地对其进行施治。

如图1(g)所示,治疗口处还设置有穴位治疗垫,为一纱布包裹的圆形垫体,其圆心中央处、在纱布内有一圆孔。这样设置,本多功能艾条吹灸仪在不使用穴位治疗垫时,可以进行火泻治疗;而在使用穴位治疗垫时,将穴位治疗垫中央的圆孔对准穴位点上,又能进行火补治疗。这样可使本吹灸仪功能效果多样,应用范围广。

本发明提供了一种艾条专用的灸具,既解决了传统方法中艾条操作不便、安全性差的问题,又兼顾实现了艾灸作用的"火补"和"火泻"效果。治疗时,作用于一点,易迅速出现"得气"和"循经感传"现象。受治者无论坐卧位皆可接受施治。既适于单人治疗,也可多人同时治疗。

二、分体式吹灸仪治疗头

1.发明目的及优点

本发明是在已申请专利"多功能艾条吹灸仪"技术基础上的发展创新,提供了一种实施吹灸疗法的分体式吹灸仪治疗头。

与现有技术相比,本发明具有以下优点:①治疗管有直头治疗管、弯头治疗管、双头治疗管、三角形治疗管四种,可以满足不同治疗需要;②保温外壳设置上盖,可以保护内部结构;③本发明的分体式吹灸仪治疗头弥补了最早申请专利的多功能艾条吹灸仪的不足,使其功能更完善。

2.结构及说明(图2)

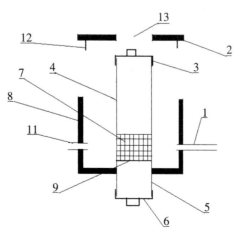

(a)分体式吹灸仪治疗头结构示意图

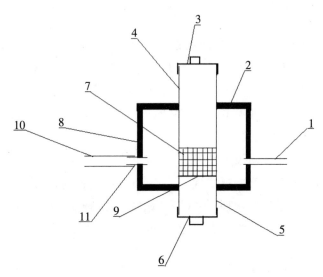

(b)分体式吹灸仪治疗头带有直头治疗管的密闭治疗头结构示意图

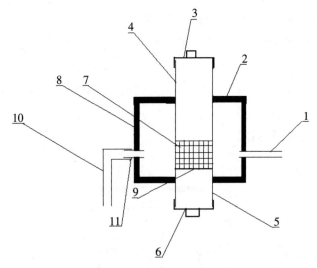

(c)分体式吹灸仪治疗头带有弯头治疗管的密闭治疗头结构示意图

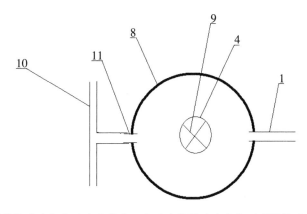

(d)分体式吹灸仪治疗头带有双头治疗管的治疗头上面观结构示意图

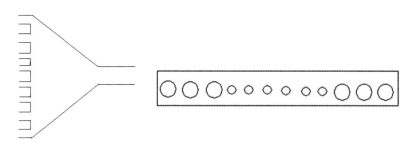

(e)分体式吹灸仪治疗头带有三角形治疗管的正、侧面结构示意图

1.进气管;2.治疗头上盖;3.插艾管上盖;4.插艾管;5.接灰管;6.接灰管下盖;7.防灰网;8.保温外壳;9.艾条支撑架;10.治疗管;11.治疗管接头;12.治疗头上盖下连接;13.中央孔。

图2　分体式吹灸仪治疗头

3.具体实施方式

以下结合图2说明和具体实施方式对本发明做进一步的详细描述:

图2(a)、图2(b)、图2(c)、图2(d)所示的分体式吹灸仪治疗头,包括插艾管4、进气管1、保温外壳8以及治疗管10等部分,其特征在于:插艾管4设置插艾管上盖3、防灰网7、艾条支撑架9;接灰管5设置接灰管下盖6,与插艾管4的下部连接;保温外壳8设置进气管1、治疗管接头11;治疗头上盖2设置治疗头上盖下连接12、中央孔13。

治疗管10有直头治疗管、弯头治疗管、双头治疗管三种,与治疗管接头11相接。

进气管1、治疗管接头11位于保温外壳的下部且方向相反。

保温外壳8与治疗头上盖2通过治疗头上盖下连接12相连,交接处为密闭状态。

中央孔13设置螺纹,与插艾管4外壁螺纹旋转固定,从而密封治疗头。

三角形治疗管设置有大、小两种出气孔,大孔分布在两侧,小孔分布在中间。

本分体式吹灸仪治疗头使用寿命长,操作方便,既可用于临床治疗,也适于个人、家庭防病保健。

三、手持式吹灸仪

1.发明目的及优点

本发明是在已申请专利"多功能艾条吹灸仪"技术基础上的发展创新,提供了一种实施吹灸疗法的手持式吹灸仪。

与现有技术相比,本发明具有以下优点:①半圆把手呈"U"形,手持把手的末端和顶端可以方便地进行上下、水平方向移动施灸;②保温外壳内部空间较小,1根艾条产生的热量足够治疗使用;③本发明的插艾管内径略粗于艾条,艾条燃烧过程中艾灰落入接灰管,艾条自然下落;④手持式吹灸仪操作方便,可以吹灸一个穴位点、一个病变面,还可沿着经络线吹灸。

2.结构及说明(图3)

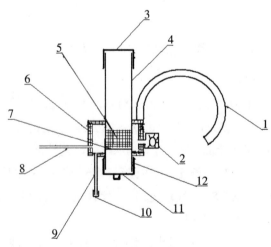

1.半圆把手;2.风扇;3.插艾管上盖;4.插艾管;5.防灰网;6.保温外壳;7.艾条支撑架;8.侧治疗管;9.下治疗管;10.治疗管封堵盖;11.接灰管下盖;12.接灰管。

图3 手持式吹灸仪结构示意图

3.具体实施方式

以下结合图3说明和具体实施方式对本发明做进一步的详细描述:

图3所示的手持式吹灸仪,包括半圆把手1、风扇2、保温外壳6、治疗管、封堵盖、插艾管4等。其特征在于:吹灸仪保温外壳6中央设置插艾管4和接灰管12;保温外壳6侧面和底部设置侧治疗管8、下治疗管9及治疗管封堵盖10,其对侧和上面设置风扇2、半圆把手1;插艾管4的下端设置防灰网5与艾条支撑架7;插艾管4、接灰管12末端设置插艾管上盖3、接灰管下盖11。

半圆把手1呈"U"形,手持把手的末端和顶端可以方便地进行上下、水平方向移动治疗。

风扇2与侧治疗管8大约在同一水平位置上,尚有一根电源线与风扇2连接。

插艾管上盖3、接灰管下盖11及下治疗管9(或侧治疗管8)末端的治疗管封堵盖10将吹灸仪治疗头围成了相对密封的空间,空气由风扇进入吹灸仪治疗头,艾条燃烧的热力、药力从未封闭的下治疗管9(或侧治疗管8)喷出。

保温外壳6呈圆柱形,其内有风扇2、下治疗管9、侧治疗管8开口。

艾条支撑架7位于插艾管4、接灰管12之间,呈"十"字形。

防灰网5位于艾条支撑架7上方,与艾条燃烧的位置平齐。

插艾管4设置1根,插艾管4内径略粗于艾条,艾条燃烧过程中艾灰落入接灰管12,艾条自然下落。

四、台式吹灸仪

1.发明目的及优点

本发明是在已申请专利"多功能艾条吹灸仪"技术基础上的发展创新,提供了一种实施吹灸疗法的台式吹灸仪。

与现有技术相比,本发明具有以下优点:①本发明的插艾管内径略粗于艾条,艾条燃烧过程中艾灰落入接灰管,艾条自然下落;②保温外壳内部空间较小,1根艾条产生的热量足够治疗使用;③U形伸缩臂可以在较大范围内做上下、水平方向移动;④吹灸仪治疗头为一独立结构,和U形伸缩臂由连接进气管连接,两者可以分开,方便吹灸仪治疗头的清洁和更换。

2.结构及说明(图4)

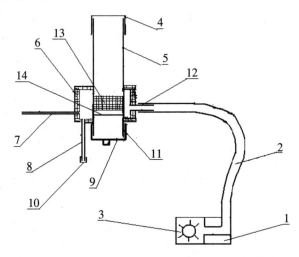

1.底座；2.U形伸缩臂；3.风扇；4.插艾管上盖；5.插艾管；6.保温外壳；7.侧治疗管；8.下治疗管；9.接灰管下盖；10.下治疗管封堵盖；11.接灰管；12.连接进气管；13.防灰网；14.艾条支撑架。

图4 台式吹灸仪结构示意图

3.具体实施方式

以下结合图4说明和具体实施方式对本发明做进一步的详细描述：

图4所示的台式吹灸仪，包括底座1、U形伸缩臂2、保温外壳6及通过连接进气管12连接的吹灸仪治疗头，吹灸仪治疗头上设置治疗口，其对侧设置连接进气管12；吹灸仪治疗头为圆柱状，其中央有插艾管5、接灰管11，插艾管5的下端通过防灰网13与接灰管11的上端连接；吹灸器底座1的内侧设置风扇3；插艾管5、接灰管11末端设置插艾管上盖4、接灰管下盖9。

U形伸缩臂2中空，可以在较大范围内做上下、水平方向移动。

连接进气管12与侧治疗管7大约在同一水平位置上。

插艾管上盖4、接灰管下盖9及下治疗管8(或侧治疗管7)末端的下治疗管封堵盖10将吹灸仪治疗头围成了相对密封的空间，空气由风扇3进入吹灸仪治疗头，艾条燃烧的热力、药力从未封闭的下治疗管8(或侧治疗管7)喷出。

保温外壳6呈圆柱形，腔内有连接进气管12、下治疗管8、侧治疗管7开口。

艾条支撑架14位于插艾管5、接灰管11之间,呈"十"字形,其上方设置防灰网13,艾条支撑架14和防灰网13位于保温外壳6内部。

插艾管5设置1根,插艾管5内径略粗于艾条,艾条燃烧过程中艾灰落入接灰管11,艾条自然下落。保温外壳6内部空间较小,1根艾条产生的热量足够治疗使用。

风扇3设置在底座1内部,有一根电源线与风扇3连接,底座1留有进风口,风扇3吹出的空气经U形伸缩臂2、连接进气管12进入保温外壳6,艾热由下治疗管8(或侧治疗管7)作用于治疗部位。

吹灸仪治疗头和U形伸缩臂2由连接进气管12连接,两者可以分开,方便吹灸仪治疗头的清洁和更换,延长台式吹灸仪使用寿命。

五、支架式吹灸仪

1.发明目的及优点

本发明是在已申请专利"多功能艾条吹灸仪"技术基础上的发展创新,提供了一种实施吹灸疗法的支架式吹灸仪。

与现有技术相比,本发明具有以下优点:①本发明的插艾管内径略粗于艾条,艾条燃烧过程中艾灰落入接灰管,艾条自然下落;②保温外壳内部空间较小,1根艾条产生的热量足够治疗使用;③U形伸缩臂可以在较大范围内做上下、水平方向移动;④同名穴双灸管、单穴吹灸管可分别与治疗头连接管相接,治疗两个同名穴或单穴。

2.结构及说明(图5)

3.具体实施方式

以下结合图5说明和具体实施方式对本发明做进一步的详细描述:

图5所示的支架式吹灸仪,包括万向轮支架1、风扇2、U形伸缩臂3及通过连接进气管12连接设置的保温外壳6。其特征在于:保温外壳6上设置下治疗管8、治疗头连接管15,治疗头连接管15可以连接侧治疗管7或同名穴双灸管[图5(b)];保温外壳6中央设置插艾管5、接灰管11,插艾管5的下端设置防灰网13与艾条支撑架14;风扇2设置在万向轮支架1和U形伸缩臂3之间;插艾管5、接灰管11末端设置插艾管上盖4、接灰管下盖9。

U形伸缩臂3中空,可以使吹灸仪治疗头在较大范围内做上下、水平方向移动。

贺氏针灸器械学术流派研究

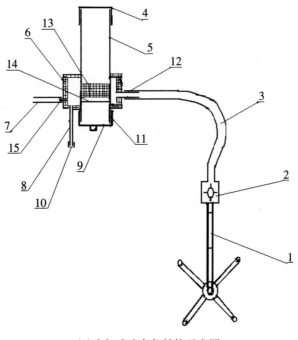

(a)支架式吹灸仪结构示意图

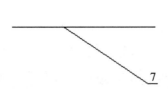

(b)支架式吹灸仪同名穴双灸管结构示意图

(c)支架式吹灸仪单穴吹灸管结构示意图

1.万向轮支架;2.风扇;3.U形伸缩臂;4.插艾管上盖;5.插艾管;6.保温外壳;7.侧治疗管;8.下治疗管;9.接灰管下盖;10.下治疗管封堵盖;11.接灰管;12.连接进气管;13.防灰网;14.艾条支撑架;15.治疗头连接管。

图5　支架式吹灸仪

插艾管上盖4、接灰管下盖9及下治疗管8(或侧治疗管7)末端的封堵盖10将吹灸仪治疗头围成相对密封的空间,空气由风扇2进入吹灸仪治疗头,艾条燃烧的热力、药力从未封闭的下治疗管8(或侧治疗管7)喷出。

保温外壳6呈圆柱形,腔内有治疗头连接管15、下治疗管8、连接进气管12开口。

艾条支撑架14位于插艾管5、接灰管11之间,呈"十"字形,其上方设置防灰网13,艾条支撑架14和防灰网13位于保温外壳6内部。

插艾管5设置1根,插艾管5内径略粗于艾条,艾条燃烧过程中艾灰落入接灰管11,艾条自然下落。保温外壳6内部空间较小,1根艾条产生的热量足够治疗使用。

风扇2设置一根电源线,风扇2吹出的空气经U形伸缩臂3、连接进气管12进入保温外壳6,艾热由下治疗管8(或侧治疗管7)作用于治疗部位。

图5(b)、图5(c)分别为本发明同名穴双灸管、单穴吹灸管的结构示意图。其特征在于:所述的同名穴双灸管、单穴吹灸管可分别与治疗头连接管15相接,治疗两个同名穴或单穴。

六、无烟药豆吹灸仪

1.发明目的及优点

本发明主要是针对艾烟污染环境问题所设计的一种无烟药豆吹灸仪,以及针对不同疾病所研发的药豆配方。

与现有技术相比,本发明具有以下优点:①根据不同病症,配备五种类型的药豆,适应证广;②药豆取用方便,吹灸仪操作安全;③治疗过程无烟环保。

2.结构及说明(图6)

3.具体实施方式

以下结合图6说明和具体实施方式对本发明做进一步的详细描述:

图6(a)所示的无烟药豆吹灸仪,包括风扇1、底座2、伸缩支架3、加热电圈6、带孔挡板7、储药管9、治疗管等结构。其特征在于:底座2设置为长方体,其内有风扇1,其上有风扇开关按钮14、电圈开关按钮15;伸缩支架3设置为中空结构,其内有电圈电线4穿行;进气孔5与加热电圈6及带孔挡板7相连;治疗头外壳16侧壁设置储药管9与储药管支撑架10;下治疗管12(或侧治疗管13)末端设置治疗口封堵塞18,两治疗口交替使用。

伸缩支架3可以沿不同方向移动,从而使治疗口能上下、水平方向移动。

储药管9为圆柱状结构,位于带孔挡板7下方,下方由储药管支撑架10固定,储药管管壁上有散发热力、药力的小孔。

药豆8放置在储药管9内,热风在吹灸仪治疗头内加热药豆8,产生的热力、药力从未封闭的下治疗管12(或侧治疗管13)喷出。

下治疗管12向下垂直治疗时,侧治疗管13使用封堵盖18封闭;侧治疗

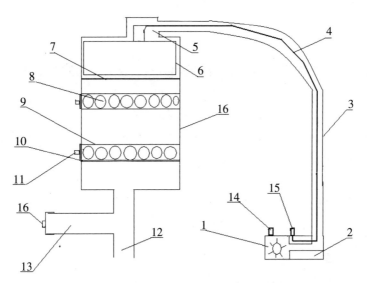

(a)无烟药豆吹灸仪实施例一结构示意图

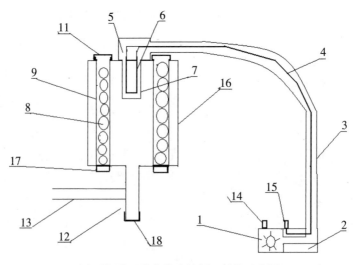

(b)无烟药豆吹灸仪实施例二结构示意图

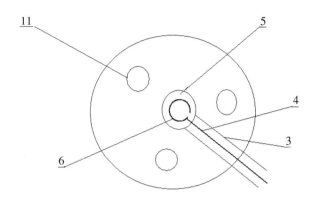

(c)无烟药豆吹灸仪实施例二上面观

1.风扇;2.底座;3.伸缩支架;4.加热电圈电线;5.进气孔;6.加热电圈;7.带孔挡板;8.药豆;9.储药管;10.储药管支撑架;11.储药管封堵盖;12.下治疗管;13.侧治疗管;14.风扇开关按钮;15.电圈开关按钮;16.治疗头外壳;17.储药管下封堵盖;18.治疗口封堵盖。

图6　无烟药豆吹灸仪

管13水平方向治疗时下治疗管12使用封堵盖18封闭。

储药管9设置3~6个,均匀排列,灸毕,药豆8可根据不同病证更换使用。

加热电圈6为加热设备,金属外壳散热,内设绝缘装置,加热电圈电线位于中空的伸缩支架3内,电源由底座2上的电圈开关按钮15单独控制。

图6(b)为本发明另一实施例结构:储药管9垂直排列,均匀分布,储药管上下端设置有储药管封堵盖11、治疗口封堵盖18。药豆从储药管上端放入,从储药管下端取出。

根据不同病证,将药豆分为5型:

(1)祛风散寒型:艾绒、桂枝、防风、羌活、独活、细辛,用于治疗寒湿痹阻经络所致肢体疼痛、麻木、肿胀,关节活动不利等病证。

(2)温肾壮阳型:艾绒、附子、干姜、细辛、肉桂、仙茅,用于治疗脾肾阳虚所致各种病证。

(3)活血祛瘀型:艾绒、川芎、木香、乳香、没药、当归,用于治疗气滞血阻所致刺痛、出血等。

(4)温阳化饮型:艾绒、白芥子、紫苏子、莱菔子、干姜、细辛,用于治疗肺气虚、阳气不足所致的痰饮、咳嗽、哮喘等。

(5)理气和胃型:艾绒、陈皮、木香、小茴香、苍术、白术,用于治疗气滞寒凝所致的胃脘痛、腹胀、腹痛等胃脘疾病。

以上五种配方按一定比例加工成黄豆大小的水泛丸,装瓶备用。

七、吹灸仪治疗头

1.发明目的及优点

本发明是针对最早申请专利的多功能艾条吹灸仪艾热温度较低、治疗范围局限的问题,提供了一种提高艾热温度的吹灸仪治疗头。

与现有技术相比,本发明具有以下优点:①操作方便,艾热温度高,可用于多个部位和穴位施灸;②实用性强,易被广泛推广应用。

2.结构及说明(图7)

3.具体实施方式

以下结合图7说明和具体实施方式对本发明做进一步的详细描述:

图7(a)、图7(b)所示的吹灸仪治疗头包括封堵盖1、燃艾管2、艾条3、保温层4、进气管5、治疗管6、漏灰网7、接灰管8、下封堵盖9等部分。其特征在于:①燃艾管2设置封堵盖1,内置艾条3;②保温层4设置在燃艾管2周围,减少艾热散失;③进气管5设置在燃艾管2的中间,管壁均匀分布小孔;④治疗管6设置在吹灸仪治疗头的外侧,与进气管5相连接;⑤接灰管8设置下封堵盖9;⑥漏灰网7设置在燃艾管2、艾条3、进气管5和接灰管8之间。

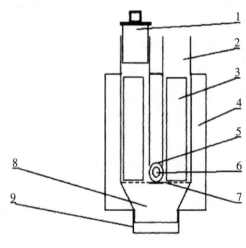

(a)吹灸仪治疗头结构示意图

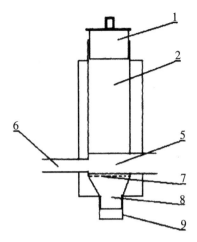

（b）吹灸仪治疗头侧面观

1.封堵盖；2.燃艾管；3.艾条；4.保温层；5.进气管；6.治疗管；7.漏灰网；8.接灰管；
9.下封堵盖。

图7　吹灸仪治疗头

八、多功能吹灸仪治疗头

1.发明目的及优点

本发明针对最早申请专利的多功能艾条吹灸仪热力较低、治疗范围局限的问题，提供了一种多功能的吹灸仪治疗头。

与现有技术相比，本发明具有操作方便，热力更高、可用于多个部位和穴位施灸等优点。

2.结构及说明（图8）

3.具体实施方式

以下结合图8说明和具体实施方式对本发明做进一步的详细描述：

图8所示的吹灸仪治疗头其特征在于：所述的燃艾管2设置封堵盖1,内置艾条3;保温层4设置在燃艾管2周围,以减少艾热散失;进气管5设置在燃艾管2的中间,管壁分布透热孔6;透热孔6设置在进气管5中段,漏灰网7的上方;接灰管8设置下封堵盖9,中间垂直贯穿进气管5;进气管5末端设置治疗口10。

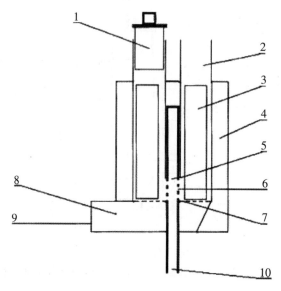

（a）吹灸仪治疗头结构示意图

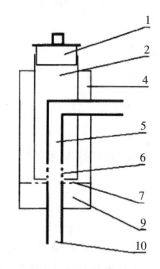

（b）吹灸仪治疗头侧面观

1.封堵盖；2.燃艾管；3.艾条；4.保温层；5.进气管；6.透热孔；7.漏灰网；8.接灰管；
9.下封堵盖；10.治疗口。

图8 多功能吹灸仪治疗头

九、多方向施灸的吹灸仪治疗头

1.发明目的及优点

本发明是针对以嘴吹气操作的传统"火泻"灸法存在的技术难题,提出的一种实施吹灸疗法的吹灸仪治疗头。

与现有技术相比,本发明具有以下优点:①治疗管有直头治疗管、弯头治疗管、双头治疗管、三角形治疗管四种,满足不同治疗需要;②保温外壳设置上盖,可以保护内部结构;③此吹灸仪治疗头弥补了最早申请专利的多功能艾条吹灸仪的不足,使其功能更完善。

2.结构及说明(图9)

3.具体实施方式

以下结合图9说明和具体实施方式对本发明做进一步的详细描述:

图9所示的吹灸仪治疗头包括水平治疗管1、治疗口封堵盖2、治疗头外壳3、垂直治疗管4、艾条段5、进气管6、燃艾管7、燃艾管封堵盖8、燃艾管小孔9、固艾针10等部分。其特征在于:所述的吹灸仪治疗头设置水平治疗管1、垂直治疗管4两个治疗管,从不同方向施灸;治疗头外壳3设置保温层,减少艾热散失,中央设置燃艾管7,外侧设置进气管6和治疗管;燃艾管封堵盖8设置固艾针10,方便艾条段5的更换;燃艾管封堵盖8设置燃艾管小孔9,使治疗头内艾热升温,也可以让空气进入燃艾管7。

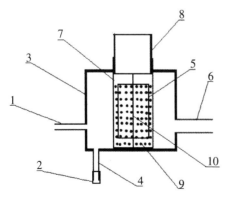

(a)吹灸仪治疗头结构示意图

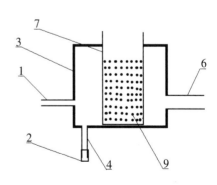

(b)吹灸仪治疗头侧面观

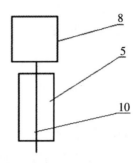

(c)吹灸仪治疗头带针封堵盖结构示意图一

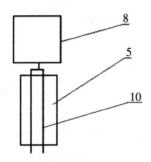

(d)吹灸仪治疗头带针封堵盖结构示意图二

1.水平治疗管;2.治疗口封堵盖;3.治疗头外壳;4.垂直治疗管;5.艾条段;6.进气管;7.燃艾管;8.燃艾管封堵盖;9.燃艾管小孔;10.固艾针。

图9　多方向施灸的吹灸仪治疗头

第二节　按摩灸治疗器

一、推灸盒

1.发明目的及优点

按摩灸是艾灸和按摩两种治疗方法的结合,将按摩手法中的点、按、压、揉、推等手法运用到艾灸操作中,丰富了灸法的内容。将按摩手法中的推法应用到艾灸疗法,称为推法,推灸盒就是用于推灸法的器械。

本发明的目的是提供一种将中医艾灸和按摩操作结合在一起的推灸盒。

与现有技术相比,本发明具有以下优点:①本发明的推灸盒是一种按摩灸器械,既能用于艾灸治疗,又可进行按摩手法中的推法操作;②将中医艾灸和按摩操作结合在一起,是一种灸法创新。

2.结构及说明(图10)

3.具体实施方式

以下结合图10说明和具体实施方式对本发明做进一步的详细描述:

图10所示的推灸盒,其特征在于:盒底网2设置在推灸盒的底部,表面光滑,分布有均匀的小孔;固艾针设置有固艾针针身4、固艾针把手6和固艾针封堵盖7三部分;燃艾室3设置为不锈钢结构;燃艾室3下壁设置有小孔;灸盒把手1设置在推灸盒的上部。

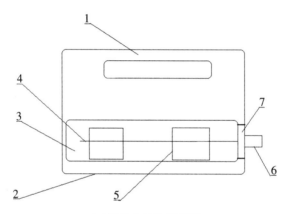

(a)推灸盒结构示意图

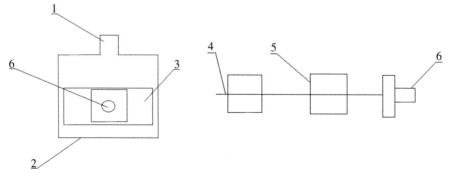

(b)推灸盒侧面观　　　　(c)推灸盒固艾针的结构示意图

1.灸盒把手;2.盒底网;3.燃艾室;4.固艾针针身;5.艾条段;6.固艾针把手;7.固艾针封堵盖。

图10　推灸盒

本灸盒使用方法:将艾条段5点燃后固定在固艾针针身4上,再将固艾针针身4插入推灸盒的燃艾室3,手持灸盒把手1,隔数层纱布在患病部位推灸治疗,艾热透过燃艾室3下壁的小孔和盒底网2的小孔作用于皮肤。

近代医家依据艾灸时按摩手法的不同,对于按摩灸又有多种称谓,如:使用点燃的艾条隔布或隔数层棉纸实按在穴位上,反复数次,称为实按灸;使用艾条或艾炷以按压手法为主,称为压灸;使用艾条配合旋转揉按手法,称为运动按灸。本发明提供了一种将艾灸和按摩技术相结合的推灸盒,是艾灸和按摩两种治疗方法的创新。本推灸盒操作方便,既可用于临床治疗,也适于个人、家庭防病保健。

二、实按灸治疗器

1.发明目的及优点

本发明的目的是针对现有的艾灸器只能吹灸、不能实按灸、艾条使用范围受限等不足,提供了一种能实按灸、适用于各种艾条的实按灸治疗器。

与现有技术相比,本发明具有以下明显的优点:①本实按灸治疗器,相比传统艾灸,既具有温灸作用,又具有按摩作用,还可连续施治;②对于放烟型艾条能消除艾烟,利于环保,也扩大了艾条的使用范围,便于艾灸推广应用;③本实按灸治疗器操作简便,安全性高,能更近距离地进行实按灸,可对单穴、双穴施治,安全实用。

2.结构及说明(图11)

3.具体实施方式

以下结合图11说明和具体实施方式对本发明做进一步的详细描述:

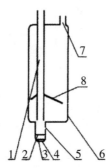

1.插艾管;2.艾条固定架;3.钢丝网层;4.纱布层;5.进气孔;6.外壳;7.排气孔;8.挡片。

图11 实按灸治疗器结构示意图

图11所示的实按灸治疗器,包括外壳6围成的内室,在其中央贯穿设置插艾管1,底端则设置艾条固定架2和朝下开口的治疗口,治疗口上从里到外依次设置钢丝网层3和纱布层4,所述外壳6的顶端一侧设置排气孔7。

治疗口上方侧壁上设置进气孔5,进气孔5设置为1~6个。这样会大大促进艾条燃烧,增强艾灸的治疗效果。

外壳6的上端设置把手,外壳6的外壁上设置带有凹凸点的手持部。这些设置都是为了方便拿放和操作本实按灸治疗器,从而更好地进行实按灸施治。

排气孔7通过软管连接艾烟净化器。这样设置,是为了净化治疗中产生的烟尘,利于环保,也扩大了艾条的使用范围,便于艾灸推广应用。

插艾管1的下端周围还有挡片8。这样设置是为了防止在进行艾灸治疗时,掉落的艾灰被吸到排气孔7里面,从而影响本实按灸治疗器的使用。

实按灸治疗器设置为两个,每个外壳6顶端的排气孔7分别通过各自的软管连接共同的艾烟净化器;相邻的两个外壳6通过各自上端设置的把手连接。这样设置可以同时对双穴位进行实按灸施治,扩大了施治范围和应用范围。

实按灸是传统灸法中太乙神针和雷火神针的使用方法,但是它们操作复杂,不利于临床推广和应用。本发明是一种具有实按灸治疗作用的无烟环保型医疗器械,具体操作如下:

1)艾条点燃后放入插艾管1,打开艾烟净化器上的风扇开关。

2)艾烟由软管进入艾烟净化器进行净化处理。

3)治疗口对准治疗穴位进行实按灸施治,空气由治疗孔上部的进气孔5进入灸器,这样会大大促进艾条的燃烧,增强艾灸的治疗效果。

4)治疗口钢丝网层3外罩有纱布层4,将纱布层4取下即可排出艾灰。

三、压灸器

1.发明目的及优点

本发明的目的是针对现有压灸技术中艾条熄灭后需反复点火,平铺于治疗部位的桑皮纸或纱布烧透后需频繁更换、不可重复使用等问题,提供既可用于临床治疗,也适用于个人、家庭防病保健的压灸器。

与现有技术相比,本发明具有以下优点:①本发明的弧形治疗头位于燃艾管的末端,在纱布上可实行按、压、摩等局部治疗手法,同时艾热渗透入穴发挥药效,也可在燃艾管放入姜片、蒜片、薄附子饼等药物进行隔物灸。②燃艾管是金属结构,使用后可清除燃艾治疗管内壁的艾烟油。③艾条放在燃艾治疗管中,热力与药力集中、均匀,艾条在燃烧过程中依靠自身重量自然下落。

2.结构及说明(图12)

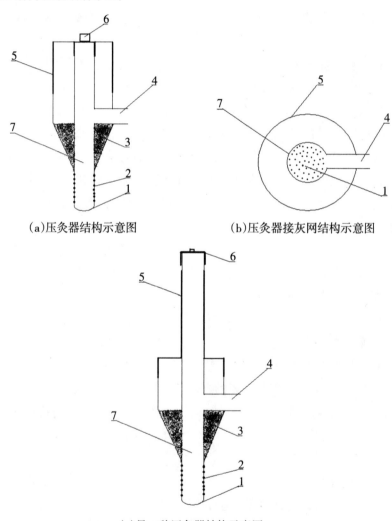

(a)压灸器结构示意图　　　(b)压灸器接灰网结构示意图

(c)另一种压灸器结构示意图

1.弧形治疗头;2.进气孔;3.隔热石棉;4.出气管;5.把手;6.燃艾管封堵盖;7.燃艾管。

图12　压灸器

3.具体实施方式

以下结合图12说明和具体实施方式对本发明做进一步的详细描述：

图12(a)、图12(b)所示的压灸器，依次包括弧形治疗头1、进气孔2、隔热石棉3、出气管4、燃艾管封堵盖6等。其特征在于：治疗头1设置为弧形，位于燃艾管7的末端；燃艾管7下端设置进气孔2，顶端设置燃艾管封堵盖6，侧面设置出气管4；把手5呈圆柱形，是压灸器的外壳，出气管4下方填充隔热石棉3。

燃艾管7直径略大于艾条直径，艾条燃烧后留下的艾灰从燃艾管顶端倾倒。

隔热石棉3位于进气孔2上方，防止艾热上传而使把手过热。

出气管4位于燃艾管7的侧面，所使用的艾条段长度比出气管与弧形治疗头1的距离略短。

弧形治疗头1位于燃艾管7的末端，其上均匀分布直径0.8 mm的细孔。

图12(c)所示的压灸器，为本发明的另一种结构示意图，燃艾管的上端向上延长形成细长把手，其余结构与上述相同。

四、艾灸滚筒

1.发明目的及优点

本发明的目的是针对现有按摩灸技术中艾条熄灭后需反复点火，平铺于治疗部位的桑皮纸或纱布烧透后需频繁更换、不可重复使用等问题，提供一种既能对身体进行按摩手法操作，又能进行艾灸的艾灸滚筒。

与现有技术相比，本发明具有以下优点：①燃艾管是金属结构，使用后方便清除燃艾治疗管内壁的艾烟油。②艾条放在燃艾治疗管中，热力与药力集中、均匀，艾条随着燃烧，可依靠自身重量自然下落。

2.结构及说明(图13)

3.具体实施方式

以下结合图13说明和具体实施方式对本发明做进一步的详细描述：

图13(a)、图13(c)所示的艾灸滚筒，主要包括单筒把手1、滚筒灸孔4、凸起5、穿艾针6等部分结构。其特征在于：滚筒表面设置滚筒灸孔4、凸起5；滚筒内部设置艾条针架7、磁片9，用来固定穿艾针6；单筒把手1设置为圆柱形，把手横轴位于滚筒两侧的中心，用来滚动滚筒。

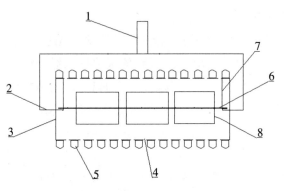

（a）艾灸滚筒实施例一结构示意图

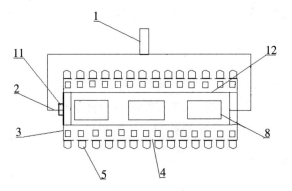

（b）艾灸滚筒实施例二结构示意图

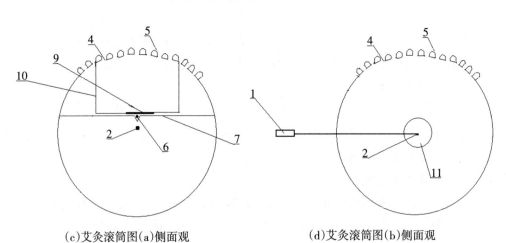

（c）艾灸滚筒图（a）侧面观　　　　　（d）艾灸滚筒图（b）侧面观

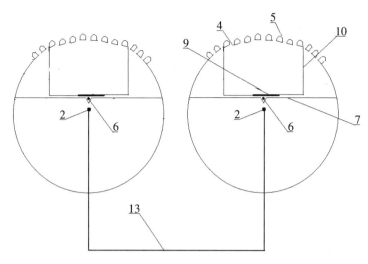

(e)艾灸滚筒图(a)的双筒侧面观

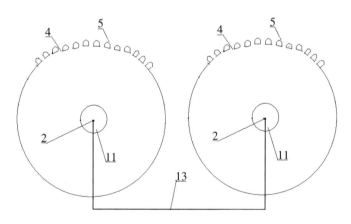

(f)艾灸滚筒图(b)的双筒侧面观

1.单筒把手;2.把手横轴;3.滚筒侧壁;4.滚筒灸孔;5.凸起;6.穿艾针;7.艾条针架;
8.艾条段;9.磁片;10.扇形滚筒侧壁;11.燃艾管封堵盖;12.燃艾管;13.双筒把手。

图13 艾灸滚筒

艾条针架7中央设置凹槽,用来放置穿艾针6。

磁片9位于扇形滚筒侧壁10底部,用来连接滚筒的两部分。

凸起5位于滚筒表面,以增加刺激皮肤的强度。

图13(b)、图13(d)所示的压灸器,为本发明的另一种结构示意图。其特
征在于:燃艾管12的一端固定在滚筒一端的滚筒侧壁3上;燃艾管12另一端

设置燃艾管封堵盖11;燃艾管封堵盖11的中央有凹陷,固定把手横轴2;其余结构与上述相同。

图13(e)、图13(f)分别为图13(a)、图13(b)的双筒连接结构。其特征在于:双筒把手13将两个滚筒连接在一起,滚筒结构同图13(a)、图13(b)。

临床使用时,将艾条段点燃后放入燃艾管,在治疗穴位上放置3~5层纱布,压灸器弧形治疗头在纱布上可实行按、压、摩等局部治疗手法,同时艾热渗透入穴内发挥药效。也可在燃艾管中放入姜片、蒜片、薄附子饼等药物进行隔物灸。

本艾灸滚筒既可用于临床治疗,也适于个人、家庭防病保健。本发明的优点是艾条段在滚筒内燃烧,手持把手滚动施灸既省力,又有按摩功效。

五、多功能艾灸滚筒

1.发明目的及优点

本发明的目的是将灸盒艾灸技术和器械按摩结合在一起,提供一种实现上述治疗方法的艾灸滚筒。

与现有技术相比,本发明具有以下优点:①滚筒可以在不同部位的皮肤上滚动、按摩,操作省力;②艾灸的热力、药力可以渗透穴内发挥治疗作用;③将已发明专利"艾烟净化器"集烟管连接到滚筒灸盒的排烟管,可以达到无烟艾灸治疗的目的。

2.结构及说明(图14)

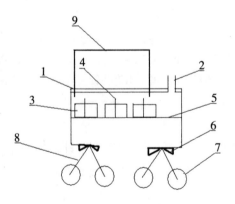

(a)艾灸滚筒结构示意图

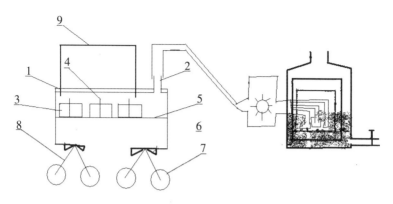

（b）艾灸滚筒另一种实施例结构示意图

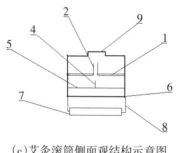

（c）艾灸滚筒侧面观结构示意图

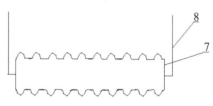

（d）艾灸滚筒中滚筒一的结构示意图

（e）艾灸滚筒中滚筒二的结构示意图

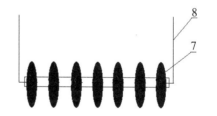

（f）艾灸滚筒中滚筒三的结构示意图

1.盒盖;2.排烟管;3.艾条段;4.穿艾针;5.防灰治疗网;6.滚筒限制板;7.滚筒;8.滚筒连杆;9.灸盒把手。

图14　多功能艾灸滚筒

3.具体实施方式

以下结合图14说明和具体实施方式对本发明做进一步的详细描述：

图14（a）、图14（c）、图14（d）所示的滚筒灸盒，包括下部的滚筒7、滚筒限制板6和上部的灸盒。其特征在于:滚筒7设置为圆柱形,通过滚筒连杆8固定在灸盒的底部;滚筒限制板6设置为凹形,使滚筒7绕轴在一定范围内移

动；上部的灸盒设置为方形，设置盒盖1、排烟管2、防灰治疗网5、穿艾针4。

滚筒7表面有均匀分布的圆形凸起，滚筒7前后各安装两个，共四个。

滚筒连杆8呈固定的80°角，上端与灸盒底部的横轴相连，下端与滚筒横轴相连。

滚筒限制板6设置为100°~145°角，手持把手9在皮肤上按摩施灸时，滚筒可以在不同部位的皮肤上滚动。

盒盖1设置2~3个排烟管2，排烟管位于盒盖的一端。

图14（b）所示的滚筒灸盒，是将已发明专利"艾烟净化器"集烟管连接到滚筒灸盒的排烟管，以达到无烟艾灸治疗目的，其余结构与上述相同。图14（e）、图14（f）为本发明设计的另外两种滚筒的结构示意图，滚筒均为不锈钢材质，传热快。

临床使用时，将艾条段点燃后放在穿艾针上固定，手持把手在不同部位的皮肤上来回滚动，艾灸的热力和药力直接作用于皮肤和滚筒，温热的滚筒按压皮肤，温经通络、散寒活血。将已发明专利"艾烟净化器"集烟管连接到滚筒灸盒的排烟管，以达到无烟艾灸的治疗目的。

六、盘状按摩灸治疗器

1. 发明目的及优点

本发明的目的是针对传统实按灸手法单一、用力不均、艾条易熄灭等问题，提供一种能解决上述问题的盘状按摩灸治疗器。

与现有技术相比，本发明具有以下优点：①本治疗器适合于向下用力的按摩灸操作；②操作手法多样，可用于摩灸法、擦灸法、抹灸法、推灸法等；③艾烟过滤层的设计，既能发挥艾烟的治疗作用，又可以减少艾烟污染。

2. 结构及说明（图15）

3. 具体实施方式

以下结合图15说明和具体实施方式对本发明做进一步的详细描述：

图15所示的盘状按摩灸治疗器，由盒盖、把手、盒体三部分组成。其特征在于：盒盖中央设置艾烟过滤保温层2，可过滤部分艾烟，减少艾烟释放；盒盖包括内置式封堵盖1和艾烟过滤保温层2两部分，兼有保温作用；弧形把手3是治疗器抓握的部分；盒体内设置固艾针6，用于固定艾条5，使艾条不滚动，位置在治疗器内相对固定；盒体呈圆盘状，底部设置圆孔，方便艾热

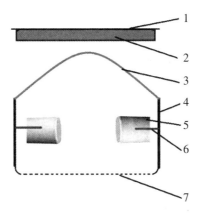

1.内置式封堵盖;2.艾烟过滤保温层;3.弧形把手;4.保温层外壁;5.艾条;6.固艾针;
7.带孔治疗底。

图15　盘状按摩灸治疗器结构示意图

向下渗入皮肤。

盒体呈圆盘状,直径10~25 cm,高5~8 cm。

七、柱状按摩灸治疗器

1.发明目的及优点

本发明的目的是针对传统实按灸手法单一、艾条易熄灭等问题,提供一种能解决上述问题的柱状按摩灸治疗器。

与现有技术相比,本治疗器具有以下优点:①本治疗器呈柱状,适合于向下用力的按摩灸操作;②操作手法多样,可用于按灸法、揉灸法、压灸法、击灸法等;③艾烟过滤层的设计,既能发挥艾烟的治疗作用,又可以减少艾烟污染。

2.结构及说明(图16、图17)

3.具体实施方式

以下结合图16、图17说明和具体实施方式对本发明做进一步的详细描述:

治疗器1:如图16所示的柱状按摩灸治疗器,由盒盖和治疗体两部分组成。其特征在于:盒盖中央设置艾烟过滤层2,可过滤部分艾烟,减少艾烟释放,同时减少艾热散失,提高艾热利用率;盒盖包括内置式封堵盖1和艾烟过滤层2两部分,兼有保温作用;圆筒3是治疗器抓握的部分,其内设置有保温

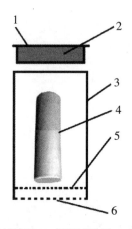

1.内置式封堵盖；2.艾烟过滤层；3.圆筒；
4.艾条；5.艾条支撑网；6.带孔治疗底。

图16　柱状按摩灸治疗器结构示意图

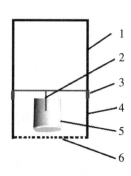

1.把手；2.固艾针；3.上下连接器；4.带保温
层的治疗筒壁；5.艾条；6.带孔治疗底。

**图17　柱状按摩灸治疗器另一种实施例的
结构示意图**

层,以减少艾热散失；治疗体内设置艾条支撑网5,方便艾热向下辐射；盒体
呈圆盘状,底部设置带孔治疗底6,方便艾热向下渗透皮肤。

盒体呈圆柱状,直径3~6 cm,高10~22 cm。

治疗器2:如图17所示的柱状按摩灸治疗器,由把手和治疗体两部分组
成。其特征在于:把手1呈圆柱状,方便抓握；把手1设置螺丝口,通过上下
连接器3与带保温层的治疗筒壁固定连接；上下连接器3中央设置固艾针2,
固定艾条5；带保温层的治疗筒壁4底部设置带孔治疗底6,艾热向下辐射渗
透皮肤。

盒体呈圆柱状,直径3~6 cm,高10~22 cm。

八、痧灸治疗器

1.发明目的及优点

本发明解决问题所采取的方法,是以刮痧手法为动力,以刮痧治疗器为
媒介,结合艾灸,既融合了刮痧、艾灸的优点,又达到温经散寒、疏通经络、调
整阴阳、防病治病的目的。

痧灸疗法是在中国传统经络腧穴理论的指导下,在艾灸的基础上结合
刮痧而创造出的一种实用型新技术,是借助痧灸治疗器完成艾灸和刮痧同

步、同时治疗的温灸器灸法,属于中医外治法的范畴。

与现有技术相比,本发明具有以下优点:①本发明是将刮痧和艾灸两种技术相结合的创新技术,具有刮痧和艾灸两者的优点;②本发明实用性强,易学易会,操作方便且安全。

2.结构及说明(图18)

3.具体实施方式

以下结合图18说明和具体实施方式对痧灸治疗器做进一步的详细

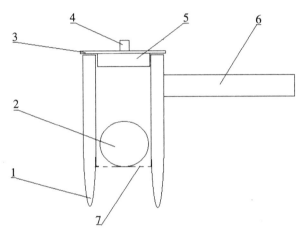

(a)痧灸治疗器侧面观

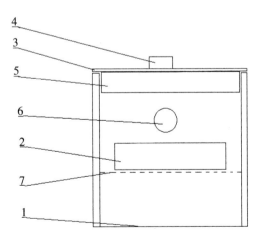

(b)痧灸治疗器正面观

1.刮板;2.艾条段;3.保温盖盖沿;4.保温盖提钮;5.保温盖隔热层;6.把手;7.带孔纱网。

图18　痧灸治疗器结构示意图

描述：

图18所示的痧灸治疗器包括刮板1、带孔纱网7、保温盖等部分。其特征在于：所述的保温盖设置保温盖盖沿3、保温盖提钮4和保温盖隔热层5；刮板1内部设置带孔纱网7，外部设置把手6，内置艾条段2。

让患者取舒适体位，充分暴露治疗部位，根据病情选用清水、滑石粉、刮痧油或液状石蜡作润滑剂。将点燃并充分燃烧的艾条段放入痧灸治疗器内部，手持把手在施术部位顺经或逆经刮动，以皮肤潮红或出现痧点、痧斑为度，每次治疗15~30分钟，6次为一个疗程，两个疗程之间间隔1~3天。

九、罐灸治疗器

1.发明目的及优点

本发明以罐灸治疗器为媒介，结合艾灸，既克服了拔罐作用单一，药罐操作不便，且化脓灸治疗时较疼痛，对机体调节功能有限等问题，又达到了温经通络、调整阴阳、补虚泻实、防病保健的目的。

与现有技术相比，本发明具有以下优点：①克服了拔罐、艾灸两种中医外治法分别治疗的不便，集二者优点于一身；②本治疗器既有艾灸的作用，又有拔罐的功效。

2.结构及说明(图19)

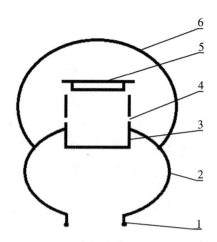

1.罐灸治疗器下口；2.罐灸体；3.燃艾槽；4.透气孔；5.保温盖；6.把手。

图19 罐灸治疗器结构示意图

3.具体实施方式

以下结合图19说明和具体实施方式对本发明做进一步的详细描述：

图19所示的罐灸治疗器包括罐灸体2、燃艾槽3、透气孔4、保温盖5、把手6等部分。其特征在于：罐灸体2设置罐灸治疗器下口1、燃艾槽3、把手6，燃艾槽3设置透气孔4和保温盖5，把手6设置在罐灸体2上方的两侧。

罐灸体2呈球形，材料为透明的玻璃或有机玻璃。

罐灸疗法：患者取卧位或俯伏坐位，充分暴露施术部位。施治者一手持罐灸治疗器的把手，采用闪火法、投火法、贴棉法或滴酒法将罐灸治疗器拔吸在治疗部位，点燃一支艾条段，放置于燃艾槽内，盖上保温盖。治疗部位以局部皮肤潮红为度。罐灸的方法有留罐法、走罐法、闪罐法，根据罐灸的数量又分为单罐法、多罐法。

第三节　通脉温阳灸治疗器

一、督灸盒

1.发明目的及优点

本发明的目的是针对现有督灸技术中制作艾炷及治疗过程耗时较长，艾热量不好控制，艾温过高引起患者皮肤剧痛，艾热利用率低，蒜泥（或姜末）用量大造成浪费，以及艾炷容易脱落烫伤皮肤、烧坏床单等问题，提供一种督灸盒。

与现有技术相比，本发明具有以下优点：①本督灸盒既可使用艾条施灸，也可使用艾炷施灸；②治疗过程中，艾热量可以控制，不会引起患者皮肤剧痛；③通过控制艾炷燃烧，提高艾热利用率，节约蒜泥（或姜末）和艾条的用量；④本督灸盒安全可靠，操作方便，易学易会，适于推广普及。

2.结构及说明（图20）

3.具体实施方式

以下结合图20说明和具体实施方式对本发明做进一步的详细描述：

图20所示的督灸盒，由矩形框架1、燃艾槽2、盒盖3等三部分组成。其特征在于：矩形框架1包括弧形底腰节4、背节5，以及将两者连接在一起的框架连接部6；燃艾槽2也包括两部分，以及将两者连接在一起的燃艾槽连接

贺
氏
针
灸
器
械
学
术
流
派
研
究

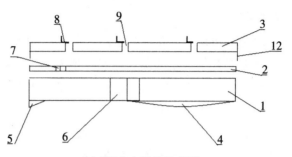

（a）督灸盒结构示意图

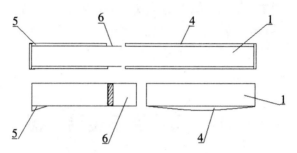

（b）督灸盒矩形框架腰节和背节的侧面观和上面观

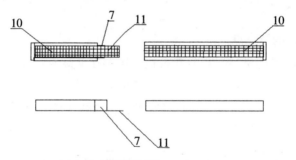

（c）督灸盒燃艾槽的侧面观和上面观

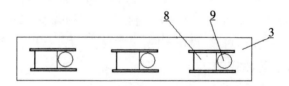

（d）督灸盒的盒盖上面观

1.矩形框架；2.燃艾槽；3.盒盖；4.弧形底腰节；5.背节；6.框架连接部；7.燃艾槽连接部；8.滑片；9.出气孔；10.防灰网；11.防灰网连接部；12.盒盖外檐。

图20　督灸盒

部7和防灰网连接部11;盒盖3设置出气孔9,以及控制艾条燃烧速度的滑片8;盒盖外檐12位于盒盖3的边缘,密闭燃艾槽2和盒盖3之间的空隙,可以固定盒盖位置。

矩形框架1、燃艾槽2、盒盖3里面均衬有不锈钢内层,可以防止艾条温度过高致盒体损坏,且方便清除艾烟油。

弧形底腰节4底面呈弧形,与人体腰椎生理曲度相合时,使矩形框架1呈水平状态。

背节5靠近颈部的底面,呈三角形,与人体颈椎生理曲度相合时,使矩形框架1前后两节上面呈水平状态。

框架连接部6可以插入弧形底腰节4的前端,使矩形框架1呈封闭状态,并且可以根据施灸部位的长短调节矩形框架1的长度。

燃艾槽连接部7和防灰网连接部11也可以根据施灸部位长短调节燃艾槽2的长度,且使燃艾槽呈封闭状态、防灰网呈连续状态。

盒盖3设置的出气孔9有3~6个,相应地控制艾条燃烧速度的滑片8有3~6个。

本灸盒使用方法:脊柱治疗区常规消毒后,在脊柱正中线撒少量斑蝥粉,粉上放置一层纱布。将矩形框架1放在纱布上,根据施灸部位长短调整矩形框架的长度,矩形框架内平铺一层1~2 cm厚的姜末(或蒜泥),将燃艾槽2放置在矩形框架上,调整燃艾槽长短,使之与矩形框架大小相应,再将艾条段放置在防灰网上,然后点燃艾条段,盖上盒盖3让其自然烧灼,通过滑片8控制出气孔9以调节艾条段燃烧速度。待艾条段燃尽后,再重新放置艾条段复灸,每次灸2~3壮。灸毕,移去姜末(或蒜泥),用湿热纱布轻轻揩干穴区皮肤。灸后皮肤出现深色潮红,出水泡或不出水泡。出水泡者,嘱患者不可自行弄破水泡,须严防感染,至第3日,用消毒针具引出水泡液,覆盖1层消毒纱布,隔日涂以甲紫药水,直至结痂脱落愈合,一般不留瘢痕;不出水泡者,一周施灸2次,直至症状完全消失,灸后调养1个月。使用督灸盒灸治时也可在皮肤上不放置衬隔物,直接进行温和灸。

此法适于治疗全身性症状较重的病证,如强直性脊柱炎、慢性乙型肝炎、慢性支气管炎、类风湿关节炎、顽固性哮喘。

二、片段式督灸盒

1.发明目的及优点

本发明的目的是针对现有督灸技术中制作艾炷及治疗过程耗时较长，艾热量不好控制，过热引起患者皮肤剧痛，艾热利用率低，蒜泥(或姜末)用量大造成浪费，以及艾炷容易脱落烫伤皮肤、烧坏床单等问题，提供一种片段式督灸盒。

与现有技术相比，本发明具有以下优点：①本督灸盒可使用艾条施灸，也可使用艾炷施灸；②治疗过程中，艾热量可以控制，不会引起患者皮肤剧痛；③通过控制艾炷燃烧，提高艾热利用率，节约蒜泥(或姜末)和艾条的用量。

2.结构及说明(图21)

3.具体实施方式

以下结合图21说明和具体实施方式对本发明做进一步的详细描述：

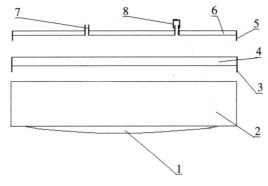

(a)片段式督灸盒结构示意图

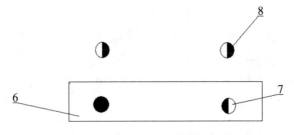

(b)片段式督灸盒矩形框架腰节和背节的侧面观和上面观

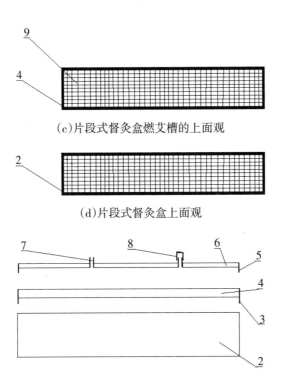

（c）片段式督灸盒燃艾槽的上面观

（d）片段式督灸盒上面观

（e）片段式督灸盒另一种实施例结构示意图

1.矩形框架弧形底边；2.矩形框架；3.燃艾槽外檐；4.燃艾槽；5.盒盖外檐；6.盒盖；
7.半圆形出气管；8.半圆形封堵盖；9.防灰网。

图21　片段式督灸盒

图21（a）、图21（b）、图21（c）、图21（d）所示的片段式督灸盒，由矩形框架2、燃艾槽4、盒盖6等三部分组成。其特征在于：矩形框架2底边设置为弧形，与人体腰椎生理曲度相合；燃艾槽4设置燃艾槽外檐3和防灰网9；盒盖6设置半圆形出气管7，以及控制艾条燃烧速度的半圆形封堵盖8。

矩形框架2、燃艾槽4、盒盖6三部分里面均衬有不锈钢内层，方便清除艾烟油。

矩形框架2两侧纵向底边呈弧形，与人体腰椎生理曲度相合时，使矩形框架上面呈水平状态。

矩形框架2底面覆盖一层不锈钢网，方便移动、取放姜末。

矩形框架2内面刻有与底边平行的刻度线，高度分别是1 cm、2 cm、3 cm、4 cm，操作时可以根据刻度线平铺姜末等药物。

矩形框架2长度为20~50 cm,相应的燃艾槽4、盒盖6的长度也为20~50 cm。

燃艾槽外檐3位于燃艾槽4外部,卡在矩形框架2上部,可固定燃艾槽不使其移动,且使灸盒内相对密闭。

盒盖6外部设置盒盖外檐5,卡在燃艾槽4外部,以固定盒盖不使其移动,且使灸盒内相对密闭。

半圆形封堵盖8与半圆形出气管7设置2~4个,旋转半圆形封堵盖控制出气口的大小,可以调节艾条燃烧速度。

图21(e)为本发明的另一种结构的片段式督灸盒,其特征为:矩形框架2底边水平,其余结构同图21(a),适于背部等较平的部位施灸。

本灸盒使用方法:燃艾槽可以放置艾炷或艾条段进行施灸;艾炷或艾条段的多少根据药物的有无和药物的厚薄相应增减,腰部艾绒用得较多;矩形框架内可以放置姜末、蒜泥、附子饼等不同药物进行隔药灸,也可直接放置艾炷或艾条段进行温和灸;弧形底矩形框架适于腰部施灸,平底矩形框架适于背部施灸。

片段式督灸盒可用于治疗脊神经病变,例如头颈上肢疾患、心肺背胸疾患、肝胆协肋疾患、脾胃肠道疾患、泌尿生殖系统疾患、腰骶下肢疾患。

三、组合式督灸盒

1.发明目的及优点

本发明的目的是针对现有督灸技术中艾热量不好控制,艾热利用率低,蒜泥(或姜末)用量大造成浪费,以及艾炷容易脱落烫伤皮肤、烧坏床单等问题,研制出的一种组合式督灸盒。

与现有技术相比,本发明具有以下优点:①本督灸盒既可以使用艾条施灸,也可使用艾炷施灸;②艾热量可以控制,不会引起患者皮肤剧痛;③通过控制艾炷燃烧速度,提高艾热利用率,节约蒜泥(或姜末)和艾条的用量;④不同规格的灸盒可以组合使用进行督灸,也可单独使用进行小面积施灸;⑤单个灸盒基座大、上部小,排列紧密,可以在腰背部连续施灸。

2.结构及说明(图22)
3.具体实施方式

以下结合图22说明和具体实施方式对本发明做进一步的详细描述:

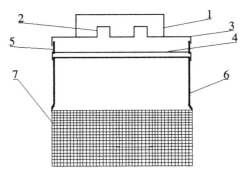

（a）组合式督灸盒结构示意图

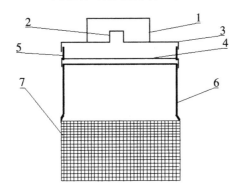

（b）组合式督灸盒侧面观

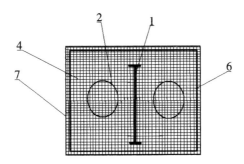

（c）组合式督灸盒上面观

1.盒盖把手；2.排烟管；3.盒盖；4.防灰网；5.燃艾槽；6.保温盒壁；7.网状基座。

图22 组合式督灸盒

图22（a）、图22（b）所示的组合式督灸盒，由盒盖3、燃艾槽5、盒体等三部分组成。其特征在于：盒盖3设置盒盖把手1一个、排烟管2两个；燃艾槽5底面设置防灰网4，燃艾槽5侧面设置外檐卡在保温盒壁6上起固定作用；盒

体设置保温盒壁6及网状基座7。

网状基座7长×宽设置为8 cm×7 cm、10 cm×7 cm、15 cm×7 cm三种规格,高3 cm,材质为硬质不锈钢,底面使用不锈钢网固定。

保温盒壁6长×宽设置为7.5 cm×6.5 cm、9.5 cm×6.5 cm、14.5 cm×6.5 cm三种规格,高2 cm,厚度0.3 cm,由具有保温作用的材料制成,保温盒壁6的面积略小于网状基座7的面积。

燃艾槽5长×宽设置为7.5 cm×6.5 cm、9.5 cm×6.5 cm、14.5 cm×6.5 cm三种规格,高2 cm,厚度0.3 cm,由具有保温作用的材料制成。

盒盖3长×宽设置为7.5 cm×6.5 cm、9.5 cm×6.5 cm、14.5 cm×6.5 cm三种规格,厚度0.3 cm,由具有保温作用的材料制成;盒盖外檐高3 cm,卡在燃艾槽5外部,固定盒盖不使其移动。

本灸盒的使用方法:在皮肤上先铺一层纱布,再根据患者背腰部情况选用相应大小的灸盒组合在一起;燃艾槽可以放置艾炷,也可放置艾条段进行施灸;艾炷或艾条段应根据姜末或蒜泥等药物的厚薄适当增减;网状基座内可以放置姜末、蒜泥、附子饼等不同药物进行隔药灸,也可不放药物进行温和灸;既可以将灸盒组合在一起进行大椎到腰俞的全节段施灸,也可单独使用进行小面积施灸。

组合式督灸盒可用于治疗全身性症状较重的病证,也可治疗脊神经病变,例如头颈上肢疾患、心肺背胸疾患、肝胆协肋疾患、脾胃肠道疾患、泌尿生殖系统疾患、腰骶下肢疾患。

四、分节督灸治疗器

1.发明目的及优点

本发明的目的是针对现有督灸技术中艾热量不易控制,艾热利用率低,蒜泥(或姜末)用量大造成浪费,以及艾炷容易脱落烫伤皮肤、烧坏床单等问题,研发出的一种分节督灸治疗器。

与现有技术相比,本发明具有以下优点:①本治疗器使用艾条施灸,也可使用艾炷施灸;②艾热量可以控制,不会引起患者皮肤剧痛;③通过控制艾炷燃烧速度,提高艾热利用率,节约蒜泥(或姜末)和艾条的用量;④不同尺寸的背节底座和腰节底座适于不同人群使用;⑤利用挡板可以在任何节段施灸。

2.结构及说明(图23)

3.具体实施方式

以下结合图23说明和具体实施方式对本发明做进一步的详细描述:

图23(a)、图23(b)所示的分节督灸治疗器,由矩形框架4、活动挡板8、盒盖2、背节底座5、腰节底座6等部分组成。其特征在于:①矩形框架4内部设置挡板卡槽7;②活动挡板8将矩形框架分成几个节段;③背节底座5侧面设置为三角形,腰节底座6侧面设置为弧形;④盒盖2设置排烟管1,以及控制艾条燃烧速度的排烟管封堵盖3。

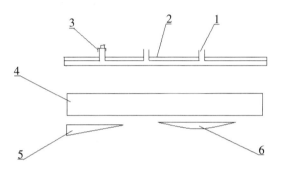

(a)分节督灸治疗器结构示意图

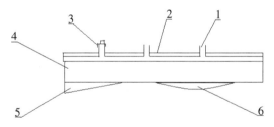

(b)分节督灸治疗器侧面观

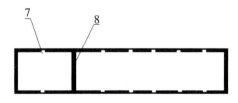

(c)分节督灸治疗器矩形框上面观

1.排烟管;2.盒盖;3.排烟管封堵盖;4.矩形框架;5.背节底座;6.腰节底座;7.挡板卡槽;8.活动挡板。

图23　分节督灸治疗器

矩形框架4、盒盖2两部分里面衬有不锈钢内层,耐高温。

背节底座5三角形侧面高1~5 cm,底边长15~20 cm;腰节底座6侧面高2.5~4 cm,上边长15~20 cm,与腰椎生理曲度相合时,使矩形框架上面呈水平位。

矩形框架4长度为40~55 cm,内宽3~8 cm,挡板卡槽7和活动挡板8设置5~10个。

盒盖2外部设置盒盖外檐,卡在矩形框架4外部,固定盒盖使其不移动,且使灸盒内保持密闭状态。

本灸盒使用方法:先铺一层纱布,再根据患者背腰部情况选用相应的背节底座和腰节底座;矩形框架可以放置艾炷,也可放置艾条段进行施灸;艾炷或艾条段根据姜末或蒜泥等药物的厚薄适当增减;矩形框架内可以放置姜末、蒜泥、附子饼等不同药物进行隔药灸;可以进行大椎到腰俞的全节段施灸,也可用活动挡板隔开进行片断部位施灸。

分节督灸治疗器,可用于治疗全身性症状较重的病证,也可治疗脊神经病变,例如头颈上肢疾患、心肺背胸疾患、肝胆协胁疾患、脾胃肠道疾患、泌尿生殖系统疾患、腰骶下肢疾患。

五、通脉温阳灸治疗床

1.发明目的及优点

本发明的目的是针对传统的通脉温阳灸施灸方法中,艾热利用率低,安全性差,且不同人群脊柱外形差异较大,使用灸盒操作不能满足所有患者的需要等问题,研发出的一种通脉温阳灸治疗床。

与现有技术相比,本发明具有以下优点:①本通脉温阳灸治疗床艾热利用率高,安全性高;②患者平躺在治疗床上治疗时不易疲劳;③使用方便,可以满足不同脊柱外形患者的治疗需要。

2.结构及说明(图24)

3.具体实施方式

以下结合图24说明和具体实施方式对本发明做进一步的详细描述:

图24(a)、图24(b)、图24(c)所示的通脉温阳灸治疗床,主要由贮药槽6、L形侧门7、方形盒9、燃艾管3等部分组成。其特征在于:①贮药槽6设置为长方形,位于治疗床面5前部中央。②L形侧门7设置侧门把手1、燃艾管3,

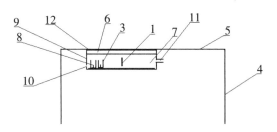

（a）通脉温阳灸治疗床结构示意图

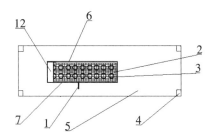

（b）通脉温阳灸治疗床上面观

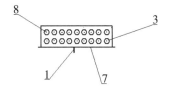

（c）通脉温阳灸治疗床L形侧门的结构示意图

（d）通脉温阳灸治疗床L形侧门侧面观

（e）通脉温阳灸治疗床盖板的结构示意图

1.侧门把手；2.贮药槽底网；3.燃艾管；4.治疗床腿；5.治疗床面；6.贮药槽；7.L形侧门；8.短针；9.方形盒；10.进气孔；11.出气管；12.盖板。

图24　通脉温阳灸治疗床

燃艾管3设置在L形侧门7的底面。③方形盒9设置进气孔10、出气管11。④盖板12设置为长方形，位于贮药槽6的上方。

贮药槽6设置为长60 cm，宽7 cm，高1 cm。

贮药槽6上面与治疗床面5之间的距离设置为1 cm。

盖板 12 设置 5 个，长×宽×高分别为 15 cm×7 cm×1 cm，12 cm×7 cm×1 cm，9 cm×7 cm×1 cm，6 cm×7 cm×1 cm，2 cm×7 cm×1 cm。

燃艾管 3 设置在 L 形侧门 7 的底面，共 2 列、26 排，列间距 1 cm。

燃艾管 3 设置为高 3.5 cm、直径 2.2 cm 的圆管。

燃艾管 3 的中央设置高 1 cm 的短针 8。

通脉温阳灸治疗床的使用方法：根据患者脊柱大椎到腰俞穴之间的距离，确定贮药槽的长度。脊柱大椎到腰俞穴之间距离较短者，可以使用盖板将贮药槽覆盖，将加热后的姜末填满贮药槽，姜末上平铺一层纱布，患者脊柱治疗部位与姜末对齐，仰卧在治疗床上，艾条段点燃后，艾火向上进入燃艾管，加热姜末，治疗开始。出气管可以与侧吸式艾烟净化器相连，以达到无烟化治疗的效果，解决了艾灸治疗过程中艾烟污染的问题。一般每次治疗更换 1~2 次艾条段，每周治疗一次。

六、多功能通脉温阳灸治疗床

1.发明目的及优点

本发明的目的是针对传统的铺灸方法中，艾热利用率低，安全性差，且治疗时患者俯卧不能持久、易疲劳等问题，研发出的一种通脉温阳灸治疗床。

与现有技术相比，本发明具有以下优点：①本多功能通脉温阳灸治疗床艾热利用率高，安全性好；②患者治疗时体位舒适，不易疲劳；③使用方便，可以适应不同脊柱外形患者的治疗。

2.结构及说明(图25)

3.具体实施方式

以下结合图 25 说明和具体实施方式对本发明做进一步的详细描述：

图 25 所示的多功能通脉温阳灸治疗床，主要由治疗床板 1、贮药槽 3、方形盒 9、燃艾槽 10、艾条挡板 11 等部分组成。其特征在于：治疗床板 1 设置为长方形，贮药槽 3 位于治疗床板 1 的前部中央；治疗床板 1 的下方设置支撑架 7；方形盒 9 位于贮药槽 3 的正下方，方形盒 9 设置方形盒侧门 13 和方形盒把手 14，方形盒把手 14 位于方形盒侧门 13 的中央；方形盒 9 设置进气孔 6、排气管 5；贮药槽 3 内设置隔板 2 和隔药纱布 4；燃艾槽 10 位于方形盒 9 内，艾条挡板 11 位于燃艾槽 10 内；燃艾槽把手 15 位于方形盒侧门 13 与方形盒 9 盒底之间，凸出于方形盒侧门 13 之外。

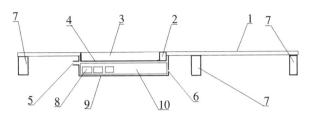

（a）多功能通脉温阳灸治疗床结构示意图

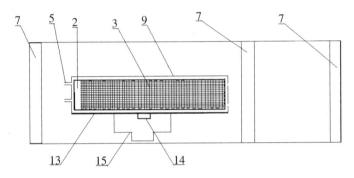

（b）多功能通脉温阳灸治疗床上面观

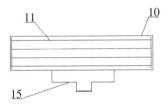

（c）多功能通脉温阳灸治疗床燃艾槽和艾条挡板上面观

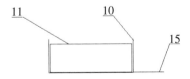

（d）多功能通脉温阳灸治疗床燃艾槽和艾条挡板侧面观

1.治疗床板；2.隔板；3.贮药槽；4.隔药纱布；5.排气管；6.进气孔；7.支撑架；8.艾段；9.方形盒；10.燃艾槽；11.艾条挡板；12.盖板；13.方形盒侧门；14.方形盒把手；15.燃艾槽把手。

图25　多功能通脉温阳灸治疗床

贮药槽3设置为长65 cm、宽7 cm、高1.5 cm的凹形,贮药槽3底面设置为直径0.2 cm、间隔0.2 cm的网状。

隔板2设置4块,长×宽×高分别为20 cm×6.9 cm×1.5 cm,15 cm×6.9 cm×1.5 cm,10 cm×6.9 cm×1.5 cm,5 cm×6.9 cm×1.5 cm。

艾条挡板11设置为"川"字形,由四条纵行的长64.8 cm、宽2 cm、厚0.1 cm和两条长7 cm、宽2 cm、厚0.1 cm的不锈钢薄片封堵而成,四条纵行不锈钢薄片间隔2.3 cm。

燃艾槽10设置为长65 cm、高3 cm、宽7 cm的长方形,燃艾槽把手15与燃艾槽10底面水平。

支撑架7设置为3条,长度与治疗床板1的宽度相同,宽3 cm,高10 cm。

多功能通脉温阳灸治疗床的使用方法:多功能通脉温阳灸治疗床可以与现有治疗床合用;根据患者脊柱大椎到腰俞穴之间的距离,确定贮药槽的长度;脊柱大椎到腰俞穴之间距离较短者,使用隔板将贮药槽覆盖;贮药槽预先铺一层纱布,再将加热后的姜末填满贮药槽,保持姜末与床面平行;姜末上平铺一层纱布,患者脊柱治疗部位与姜末对齐后仰卧在治疗床上;点燃艾条段,放入艾条挡板,将燃艾槽放入方形盒内,从下向上加热贮药槽内的姜末,治疗开始;出气管可以与侧吸式艾烟净化器相连,以达到无烟化治疗的效果,解决了艾灸治疗过程中艾烟污染的问题;一般每次治疗时更换1~2次艾条段,每周治疗一次。

七、智能控温铺灸治疗床的设计研究方案

传统铺灸是所有灸法操作中治疗时间最长、艾烟释放量最大的,集中了灸法所有的难点和问题。由于艾烟处理技术也可用于其他灸法中,因此本研究方案以难度最大的铺灸为主要研究对象。本节内容所述的铺灸治疗方式、智能温控、艾烟处理手段,解决了传统铺灸治疗过程中的一些问题。

铺灸治疗床关键技术的设计方案分为铺疗床治疗部分的设计,铺疗床智能温控部分的设计,铺疗床艾烟处理部分的设计。

艾灸治疗床的加工及检测:根据本项目的研究内容,本治疗床是与具有相应资质的公司合作完成的。

1.铺灸治疗床治疗部分的关键技术

铺灸治疗床治疗部分,包括中线定位装置、隔物灸凹槽、燃艾单元、艾条

升降装置等部分,如图26所示。

(1)中线定位

治疗床(图26)床面的设计要求具有定位功能,治疗者仰卧于床上时,治疗部位对准智能床的治疗区域。治疗床的设计需要定中线位置,根据施灸部位,以脊柱正中为轴线,使用头颈臀弧形定位法(床面的两端上部设置头颈弧形槽定头颈位置,臀部弧形槽定脊柱下端位置)可以准确确定铺灸的位置。

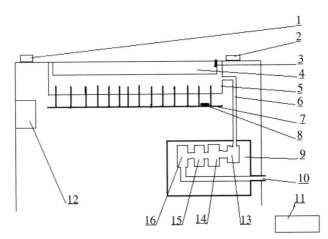

1.头部定位装置;2.臀部定位装置;3.温度传感器;4.隔物灸槽;5.保温盒;6.抽烟管;7.艾条升降装置;8.距离传感器;9.艾烟处理装置;10.排气孔;11.遥控器;12.控制器;13.风机;14.再燃单元;15.湿化单元;16.过滤单元。

图26 智能温控治疗床结构示意图

(2)隔衬物凹槽

位置:治疗床中间,头颈弧形槽和臀部弧形槽之间。

大小:根据前期研究结果,隔物灸凹槽的宽度取6.5 cm,长度取60 cm,深度取3 cm。隔物灸凹槽可以从治疗床面取下。凹槽底面留有细孔,方便艾热穿透。

隔物灸凹槽的深度,根据隔衬物最佳用量的测试结果最后确定。

设置与凹槽宽度和深度一致的方块,填充凹槽,满足脊柱长短不同患者的治疗需要。

(3)燃艾单元

在床面隔物灸凹槽的下方设置燃艾单元,燃艾单元外置保温层,以减少艾热散失、提高艾热利用率。燃艾单元底面设置艾条孔,艾条的燃烧点与隔物灸槽底面保持一定的距离。

(4)艾条升降装置

艾条升降装置位于燃艾单元的下方,设置距离感传器,通过温控反馈可以升降,改变艾条与隔物灸槽的距离,以达到精准控温的目的。

2.治疗床智能温控部分的设计

方案1 艾条和隔衬物的用量控制

艾条的用量不但关系到艾烟释放的总量,还决定艾热的释放总量,隔衬物的厚薄与用量和艾热传导密切相关。因此,我们通过实验环节,在不影响治疗效果的前提下,确定了艾条和隔衬物的最低用量,参见图27。患者皮肤接受的有效艾热治疗量是温度控制的重要环节。

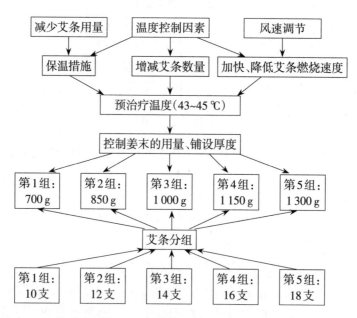

图27 影响艾热治疗温度环节示意图

(1)基线温度的设定

根据既往研究结果,我们将有效治疗温度基线设置在43~45℃。

(2)温度控制因素的调节

1)姜末的用量、铺设厚度:通脉温阳灸是一种隔物灸,常用姜末作为试验材料。治疗槽内姜末的用量、铺设的厚度在治疗初期对有效治疗温度有一定影响,但对维持温度无明显影响。

2)保温措施:艾条燃烧过程中周围设置保温措施,减少艾热散失,提高艾热的利用率,有利于减少艾条的用量。

3)艾条数量:艾条数量越多,释放艾热越多,反之,释放艾热越少。

4)艾条燃烧速度:艾条的燃烧速度与氧气供应和风速有关,艾烟排放时抽吸艾烟,风速影响艾条燃烧速度,从而影响艾热的释放。

(3)实验步骤

1)实验材料:艾条350支,3年的3∶1温灸蕲艾条(1.8 cm×20 cm);生姜26 300克,切碎如黄豆粒大小;实验用艾灸治疗床1台;希玛AS852B高精度红外测温仪1台;隔热毯1条;不同规格的隔物灸槽5个。

2)实验分组:根据姜末的用量,实验分5组,每组再分a,b,c,d,e五个亚组,每个亚组分别设置10支艾条、12支艾条、14支艾条、16支艾条、18支艾条。

第一组:700 g。a亚组10支艾条,b亚组12支艾条,c亚组14支艾条,d亚组16支艾条,e亚组18支艾条。

第二组:850 g。a亚组10支艾条,b亚组12支艾条,c亚组14支艾条,d亚组16支艾条,e亚组18支艾条。

第三组:1 000 g。a亚组10支艾条,b亚组12支艾条,c亚组14支艾条,d亚组16支艾条,e亚组18支艾条。

第四组:1 150 g。a亚组10支艾条,b亚组12支艾条,c亚组14支艾条,d亚组16支艾条,e亚组18支艾条。

第五组:1 300 g。a亚组10支艾条,b亚组12支艾条,c亚组14支艾条,d亚组16支艾条,e亚组18支艾条。

3)实验方法:

a.放置姜末和点燃艾条:根据分组情况,一人负责称量姜末,并将其平铺在隔物灸槽内,姜末铺设松紧适当,姜末表面覆盖隔热毯,隔物灸槽下面安放艾条并依次点燃,保持每次实验艾条燃烧点与隔物灸槽底面的距离一致。

b.姜末表面测温:一人负责使用希玛AS852B高精度红外测温仪测量姜末表面温度,将姜末表面分为18个点,每排3个测定点,共6排。测试时间共计2.5 h,每隔5 min测量1次温度,每次记录不同时间段18个测定点的温度。

c.记录:一人负责在专用表格中记录测量温度情况,同时观察记录试验结束后姜末的变化情况。

4)实验结果分析:比较分析以上实验数据,发现在温度控制范围接近43.3~45℃时,艾条用量最少,且实验后姜末无焦干、枯黄,仍能保持湿润。

通过以上实验确定艾条和隔衬物的最佳用量,再进入下一个环节,即使用传感技术精准控制治疗温度。

方案2　智能精准温度控制

在保证艾灸治疗效果的前提下,方案1确定最少艾条数量和最少隔衬物用量,方案2则是通过智能温控系统将温度精准控制在43~45℃。

智能控制系统(如图28所示)由单片机控制单元、LED显示器、按键、超声波测距模块、红外测温模块、步进电机及驱动模块、红外遥控器信号接收模块、艾条升降控制模块、风机调速模块等组成。红外接收模块用来接收和处理遥控器发出的指令信号,通过按键可以设置施灸的温度阈值和时间长短等,LED显示器实时显示施灸部位皮肤表面的温度,驱动模块与步进电机调节艾烟在图28所示的艾烟处理单元内的流速,升降控制模块控制艾条上下运动,风机调速模块可调节排烟量。

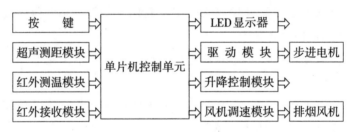

图28　智能控制系统

3.智能温控治疗床艾烟处理部分

艾烟处理部分方案分三个阶段实施:第一阶段初试;第二阶段改进方案,根据试验结果,分析问题,查找文献、咨询专家进行技术改进;第三阶段包装定型。

在前期艾烟处理工作的基础上,利用驱动模块、步进电机控制艾烟在艾烟处理器内部的流动过程,充分将不同的艾烟成分净化。艾烟处理部分是智能温控治疗床的重要内容之一,艾烟温控治疗床工作时共分为4个环节:

第1环节:风机控制艾烟进入艾烟处理部分的速度。

第2环节:再燃单元。通过高温将艾烟成分中未充分燃烧的成分再燃,一氧化碳气体经高温转化成二氧化碳,再燃处理后的气体进入湿化单元。

第3环节:湿化单元。净化液喷雾与艾烟同时进入容器,雾状艾烟与净化液充分混合,灰渣与可溶成分溶入净化液,经湿化处理后的气体进入过滤单元。

第4环节:过滤单元。利用仿生学原理设计多层纤维过滤层,多层纤维叠加形成致密结构,用于拦截艾烟中直径为$0.3\sim50~\mu m$的颗粒物。

经以上几个环节的处理,去除艾烟的不同成分,最后通过排气管排除艾烟。

4. 智能温控治疗床性能检测

2015年,《医疗器械分类规则》依据影响医疗器械风险程度的因素及医疗器械结构特征的不同,将医疗器械分为无源医疗器械和有源医疗器械。有源医疗器械是指任何依靠电能或其他能源而不是直接由人体或重力产生的能源来发挥其功能的医疗器械。智能温控治疗床就属于有源医疗器械。

无人实验和志愿者实验前,必须按照有源医疗器械要求对治疗床本身的安全性进行检测。第一次样品和第二次改进后的成品委托安徽省食品药品检验研究院进行检测,由其出具检测报告,证实治疗床安全性能达标后方可进行下一步实验。

5. 治疗室内艾烟及处理后气体检测

对质量检测合格的治疗床,再进行治疗室内艾烟及处理后排出气体成分的检测。

(1)检测指标

根据国家空气治疗标准要求,检测艾条在智能温控治疗床内燃烧前后多点室内空气和治疗床排气口气体中CO、NO_2、$PM10$、$PM2.5$的浓度。

(2)材料与仪器

1)艾条:3年陈3:1温灸蕲艾条(规格:$1.8~cm\times20~cm$)。

2)改进后经检测合格的智能温控治疗床1台。

3)实验仪器:可吸入颗粒物PM10P-5L2C便携式微电脑粉尘仪,细颗粒物PM2.5CLJ-3106激光尘埃粒子计数器,一氧化碳GXH-3010/3011AE型便携式红外线CO/CO_2二合一分析仪,检测依据为《国家标准:公共场所卫生检验方法第2部分:化学污染物GB/T 18204.2—2014》;二氧化氮(QC-4 防爆型大气采样器),检测依据为《中华人民共和国国家环境保护标准:GB 3095—

2012》,环境空气氮氧化物(一氧化氮和二氧化氮)的测定标准方法是《盐酸萘乙二胺分光光度法》。

(3)实验方法

1)实验条件。实验地点:实验室一间,长×宽×高=10 m×5 m×3.5 m=175 m³;窗户共6扇,每扇窗户长×宽=1.4 m×0.44 m=0.62 m²,实验室为关闭状态;1扇门长×宽=1.99 m×0.88 m=1.75 m²,为关闭状态;采样点:灸室中央1 m高度(相当于患者在治疗床上平躺时的高度)和治疗床排气孔。

2)采样方法。本课题组委托具有国家CMA认证的专业检测公司进行现场采样。首先对本地空气进行采样,点燃艾条后分别在6个时间节点进行采样,检测艾灸环境下空气中CO、NO_2、PM10、PM2.5的浓度。时间点1:治疗前;时间点2:关门连续点燃艾条0.5 h;时间点3:关门连续点燃艾条1 h;时间点4:关门连续点燃艾条1.5 h;时间点5:关门连续点燃艾条2 h;时间点6:关门连续点燃艾条2.5 h。每个时间点在艾灸室内的4个不同点放置采样仪器(灸室中央及两端,治疗床排气孔),4个点同时采样,每个时间点采样3次,采样时间为15 min,最终结果取3次检测数据的平均值。同时记录采样时各点的微小气候数据,如温度、湿度、大气压等。

3)操作步骤:①实验前充分开窗通风换气后,闭门闭窗;②检测环境本地CO、NO_2、PM10、PM2.5的浓度;③运行艾灸治疗床,在艾灸室的不同地点,分别在6个时间节点对灸室空气进行采样,检测CO、NO_2、PM10、PM2.5的浓度。

4)结果分析。分别记录实验前后模拟灸室中CO、NO_2、PM10、PM2.5的浓度,最后由检测公司出具检测报告。

6.志愿者试用

艾灸治疗床技术改进后,在试验检测达到设计要求、性能检测合格安全的基础上,进行志愿者舒适度检测。

(1)招募志愿者12名,告知其治疗风险和实验方案,签署知情同意书。

(2)实验方法

试验前准备艾条、生姜、治疗单、毛巾。

1)实验人员分工,2人进行实验操作,1人记录实验结果,填写《实验观察表》。

2)实验前做心电图,实验前后30 min测体温、脉搏、血压、呼吸。

3)实验过程中,询问志愿者的艾灸治疗反应。

4)实验后,观察志愿者灸治部位皮肤的颜色、温度变化。

(3)志愿者满意度评定,分为十分满意、满意、一般、不满意。

第四节　头颈胸腹肢体温灸器

一、头颈灸灸盒

1.发明目的及优点

本发明的目的是针对头颈部外形不规则、头上有头发、一般灸盒无法满足其要求等问题,研发出的一种头颈灸灸盒。

与现有技术相比,灸盒具有以下优点:①灸盒的盒底设置一层纱网,可将头发压平,不会烤焦头发;②灸盒的燃艾管在头顶垂直位,其余处于水平位,与头颈部外形相应;③帽式穿艾针固定艾条段的位置,可以水平或垂直施灸。

2.结构及说明(图29)

3.具体实施方式

以下结合图29说明和具体实施方式对本发明做进一步的详细描述:

图29所示的头颈灸灸盒,由燃艾管、防灰网、盒底纱网9、帽式穿艾针8等部分组成。其特征在于:燃艾管包括头顶部燃艾管1、枕部燃艾管4、颈部燃艾管5、颞部燃艾管7;燃艾管下设置头顶部防灰网2、枕部防灰网3、颞部防灰网6;盒头部盒底设置盒底纱网9;灸盒颈部两侧设置束带扣10,以束带绕额固定灸盒。

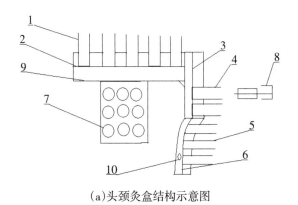

(a)头颈灸盒结构示意图

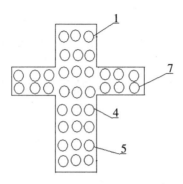

（b）头颈灸盒上面观

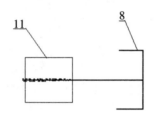

（c）头颈灸盒帽式穿艾针结构示意图

1.头顶部燃艾管；2.头顶部防灰网；3.枕部防灰网；4.枕部燃艾管；5.颈部燃艾管；6.颞部防灰网；7.颞部燃艾管；8.帽式穿艾针；9.盒底纱网；10.束带扣；11.艾条段。

图29 头颈灸灸盒

帽式穿艾针8设置为圆柱形帽盖，壁上设置小孔，直径略小于燃艾管内径。

帽式穿艾针8表面粗糙，用来固定艾条段11。

盒底纱网9位于头顶部、颞部、枕部，用来隔开头发以防烧毁头发，灸盒位于颈部的盒底不设纱网。

头顶部燃艾管1设置为垂直位，枕部燃艾管4、颈部燃艾管5、颞部燃艾管7设置为水平位，燃艾管壁上均设置小孔以散艾热。

二、枕式熏灸盒

1.发明目的及优点

本发明的目的是针对颈项部的特殊结构，加之颈椎病治疗时需要一个舒适的治疗体位，提供一种枕式熏灸盒。

与现有技术相比，本发明具有以下优点：①枕式熏灸盒治疗面外形与颈项、后枕部生理曲度相合,施灸方便;②患者仰卧位接受施灸,治疗舒适、持久;③可同时熏灸颈项部、后枕部,治疗头颈上肢疾患。

2.结构及说明(图30)

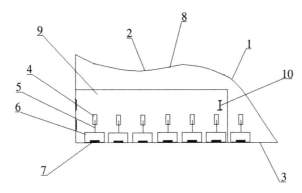

(a)枕式熏灸盒结构示意图

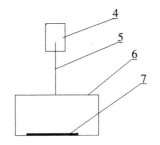

(b)枕式熏灸盒燃艾台结构示意图

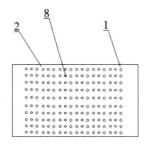

(c)枕式熏灸盒上面观

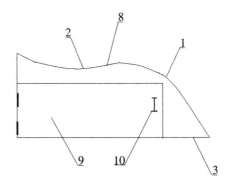

(d)枕式熏灸盒侧面观

1.灸盒凸面;2.灸盒凹面;3.灸盒底面;4.艾条段;5.插艾针;6.燃艾台底座;7.燃艾台磁铁;8.治疗孔;9.灸盒侧门;10.灸盒门把手。

图30 枕式熏灸盒

3.具体实施方式

以下结合图30说明和具体实施方式对本发明做进一步的详细描述：

图30所示的枕式熏灸盒，由燃艾台、枕式外壳两部分组成。其特征在于：燃艾台包括插艾针5、燃艾台底座6、燃艾台磁铁7三部分；枕式外壳上面设置为前凸的灸盒凸面1和弧形下凹的灸盒凹面2，与颈椎的生理曲度相合；枕式外壳侧壁设置灸盒侧门9和灸盒门把手10，方便燃艾台更换艾条段4。

燃艾台底座6呈圆台形，正中设置插艾针5和固定燃艾台的燃艾台磁铁7。

枕式外壳设置为不锈钢结构，高6~8 cm，宽约25 cm。

使用方法：枕式熏灸盒上面放置数层纱布，患者头枕部枕于枕上，点燃艾条，将燃艾台放入枕式熏灸盒内，对准施灸穴位，关上侧壁盒门，开始治疗。治疗过程中可以更换艾条段。

本发明提供了一种能同时施灸颈部与枕部的枕式熏灸盒，解决了目前现有灸盒技术中颈枕部位结构特殊、施灸不便的问题。本灸盒操作方便，既可用于临床治疗，也适于个人、家庭防病保健。

三、颈肩灸盒

1.发明目的及优点

灸盒是常用的灸疗器具，既可用于临床治疗，也适用于个人、家庭防病保健。因颈肩部位结构特殊，目前尚无专用于颈肩的灸盒。这限制了灸法的推广和灸盒的普及，不能满足患者日益增长且多样化的需求。

本发明的目的是针对现有技术中不能同时施灸颈部与肩部的问题，提供了一种颈肩灸盒。

与现有技术相比，本发明具有以下优点：①能同时施灸颈部和肩部；②患者坐位接受施灸，施灸者操作方便。

2.结构及说明(图31)

3.具体实施方式

以下结合图31说明和具体实施方式对本发明做进一步的详细描述：

图31(a)、图31(c)、图31(d)所示的颈肩灸盒，由防灰治疗网1、燃艾管、帽形燃艾针5、八字形固定腿7等部分组成。其特征在于：燃艾管包括肩部的垂直燃艾管2和正中部的水平燃艾管4；肩部的垂直燃艾管2设置燃艾管盖

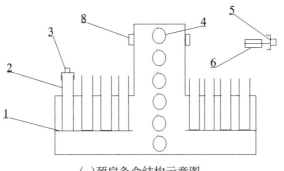

（a）颈肩灸盒结构示意图

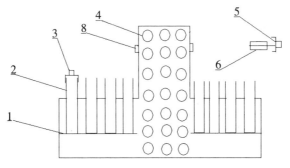

（b）颈肩灸盒另一种实施例结构示意图

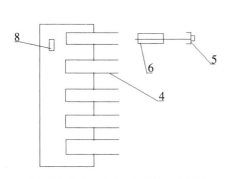

（c）颈肩灸盒正中部侧面结构示意图

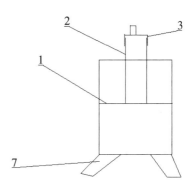

（d）颈肩灸盒肩部侧面结构示意图

1.防灰治疗网；2.垂直燃艾管；3.燃艾管盖子；4.水平燃艾管；5.帽形燃艾针；6.艾条段；7.八字形固定腿；8.固定挂钩。

图31 颈肩灸盒

子3,以控制艾条段的燃烧速度；帽形燃艾针5设置为帽形,可插入水平燃艾管4,用于固定艾条段6；八字形固定腿7设置为外八字形,固定在肩部；固定挂钩8设置在灸盒上部两侧,由束带绕过下颏部固定灸盒。

垂直燃艾管2和水平燃艾管4壁上设置均匀分布的小孔,直径约为0.2 cm。

灸盒正中部的两侧面盒底呈向内凹的斜面,与颈项部生理曲度相应。

灸盒正中部的上底呈向内凹的弧形,与颈项部生理曲度相应。

图31(b)所示为本发明的另一种结构,所述的正中部的水平燃艾管4设置为三列,可以同时施灸正中和两侧线,其余结构同图31(a)。

本发明提供了一种能同时施灸颈部与肩部的颈肩灸盒,解决了目前现有灸盒技术中颈肩部部位特殊、施灸不便的问题。本发明的优点是能同时施灸颈部和肩部,扩大了灸盒的使用范围,安全可靠。

四、胸阳灸灸盒

1.发明目的及优点

艾灸既能治疗疾病,也可防病保健,具有温经散寒、扶阳固脱、消瘀散结的作用。胸阳灸是使用胸阳灸灸盒在前胸和后背施灸的一种器械灸,能激发胸中阳气,扶助正气,祛除邪气,是用于治疗心肺上焦及头面上肢疾病的一种灸法。

胸阳灸是以中医经络学说为指导,根据胸背部经脉循行特点和施灸特点所创的一种灸法,胸阳灸灸盒的研制、临床应用使这一灸法能够更好地推广应用。胸背部经脉循行的特点为:在上背部,手三阳经与督脉、膀胱经呈"T"字形分布;在上胸部,手阴经与任脉、胃经、肾经呈"T"字形分布;后背部纵行经脉主要是督脉及膀胱经第一、第二侧线,前胸部纵行经脉主要是任脉、胃经、肾经。

本发明的目的是针对传统胸阳灸施灸方法设计一种胸阳灸灸盒。

与现有技术相比,本发明具有以下优点:①本胸阳灸灸盒艾热利用率高,安全性高;②患者平躺在治疗床上接受治疗时不易疲劳;③胸阳灸灸盒呈"T"字形,与胸背部经脉穴位分布相合。

2.结构及说明(图32)

3.具体实施方式

以下结合图32说明和具体实施方式对本发明做进一步的详细描述:

图32所示的胸阳灸灸盒,主要由横向灸盒3、纵向灸盒5两部分组成。

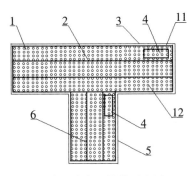

(a)胸阳灸灸盒结构示意图

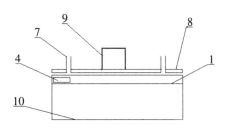

(b)胸阳灸灸盒侧面观

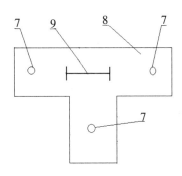

(c)胸阳灸灸盒盒盖上面观

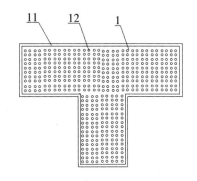

(d)胸阳灸灸盒燃艾网上面观

1.燃艾网;2.横向艾条挡板;3.横向灸盒;4.艾条段;5.纵向灸盒;6.纵向艾条挡板;
7.排烟管;8.盒盖;9.盒盖把手;10.储药网;11.燃艾网外檐;12.燃艾网小孔。

图32　胸阳灸灸盒

其特征在于:横向灸盒3和纵向灸盒5设置为"T"字形;横向灸盒3设置为长方形,设置燃艾网1、横向艾条挡板2、艾条段4、储药网10;纵向灸盒5设置为长方形,设置燃艾网1、纵向艾条挡板6、艾条段4、储药网10;盒盖8设置为"T"字形,设置排烟管7、盒盖把手9;储药网10设置在横向灸盒3和纵向灸盒5的底部;燃艾网1设置燃艾网外檐11和小孔12。

　　燃艾网外檐11设置为"T"字形,宽1 cm,可与灸盒分离。

　　纵向艾条挡板6和横向艾条挡板2设置为间隔2.2 cm、高2 cm的"川"字形结构。

　　胸阳灸灸盒的使用方法:胸阳灸灸盒有两种使用方法,一种是直接使用艾条段进行温和灸,另一种是将姜末或中药药豆在储药网上铺一层进行隔物灸。排烟管可以与侧吸式艾烟净化器相连,以达到无烟化治疗的效果,解决了艾灸治疗过程中艾烟污染的问题。

五、脐腹灸灸盒

1.发明目的及优点

脐腹灸是指使用脐腹灸灸盒灸治以任脉神阙穴为中心的腹部,用以治疗胃肠道及泌尿生殖系统疾病的一种器械灸。

本发明的目的是针对现有技术中脐腹灸治疗时无相应的艾灸器械问题,提供一种脐腹灸灸盒。

与现有技术相比,本发明具有以下优点:①本脐腹灸灸盒的艾条挡板、燃艾槽和盒体可分开,方便向盒底储药网放置药物;②本脐腹灸灸盒既能温和灸,也能隔物灸;③本脐腹灸灸盒结构巧妙,操作方便,易学易会,适于推广普及。

2.结构及说明(图33)
3.具体实施方式

以下结合图33说明和具体实施方式对本发明做进一步的详细描述:

图33所示的脐腹灸灸盒,由盒盖和盒体两部分组成。其特征在于:盒盖

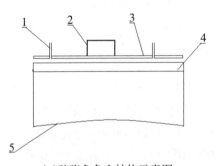
(a)脐腹灸灸盒结构示意图

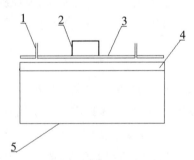
(b)脐腹灸灸盒另一种实施例结构示意图

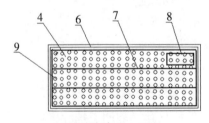
(c)脐腹灸灸盒上面观

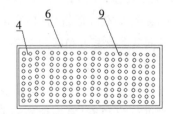
(d)脐腹灸灸盒燃艾槽上面观

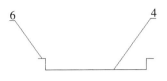

(e)脐腹灸灸盒燃艾槽侧面观

1.排烟管;2.盒盖把手;3.盒盖;4.燃艾槽;5.盒底储药网;6.燃艾槽外檐;7.艾条挡板;
8.艾条段;9.燃艾槽底孔。

图33　脐腹灸灸盒

3设置盒盖把手2、排烟管1,盒盖3为长方形;盒体设置燃艾槽4、盒底储药网5、艾条挡板7、艾条段8;燃艾槽4设置燃艾槽外檐6、燃艾槽底孔9。

盒底储药网5设置为凹弧形或水平形。

艾条挡板7、燃艾槽4和盒体可分开,方便向盒底储药网5放置药物。

盒盖设置为长方形,盒盖上设置1~3个排烟管。

脐腹灸灸盒的使用方法:将患者腹部皮肤常规消毒后,铺上一层纱布,盒底储药网上放置一层姜末或中药药豆,将点燃的艾条段放在艾条挡板内,盖上盒盖即可进行隔药灸,也可不放药物直接进行温和灸。排烟管可以与侧吸式艾烟净化器相连,以达到无烟化治疗的效果,解决了艾灸治疗过程中艾烟污染的问题。

六、多功能管灸盒

1.发明目的及优点

本发明的目的是针对现有技术中灸盒内壁易黏附艾烟油、艾条夹易脱落或松弛、灸盒晃动时艾条段位置移动和多方向施灸等问题,提供一种多功能管灸盒。

与现有技术相比,本发明具有以下优点:①盒盖和盒体的内面衬有一层薄铁皮,盒盖中央的治疗管也是金属结构,使用后易去除艾烟油;②垂直向下施灸时间较长时,可将长艾条放在盒盖上的治疗管中,不需固定,艾条随着燃烧会依靠自身重量自然下落;③艾条段固定在防灰网中的细针上燃烧,灸盒晃动时艾条段位置不移动,艾热稳定;④盒盖呈长方形,可向上熏灸一个治疗点或沿直线同时熏灸2~12个治疗点;⑤本多功能管灸盒结构巧妙,操作方便,易学易会,适于推广普及。

2.结构及说明(图34)

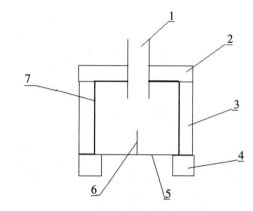

(a)多功能管灸盒结构示意图

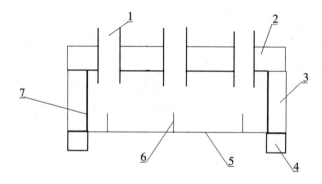

(b)多功能管灸盒另一种实施例结构示意图

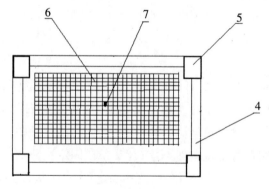

(c)多功能管灸盒下面观

1.治疗管;2.上盖;3.管灸盒主体;4.灸盒足;5.防灰网;6.固艾针;7.侧壁铁皮。

图34 多功能管灸盒

3.具体实施方式

以下结合图34说明和具体实施方式对本发明做进一步的详细描述：

图34(a)、图34(c)所示的多功能管灸盒，包括上盖2和管灸盒主体3，以及设置在上盖2中央的治疗管1、上盖2下面的铁皮等。管灸盒主体3为长方形，在管灸盒主体3下方设置灸盒足4、防灰网5；管灸盒主体4内衬侧壁铁皮7，以方便擦拭艾烟油；防灰网5中央设置固艾针6，以方便固定艾条段；灸盒足4在四角分布，空气从防灰网5进入管灸盒主体3内。

如图34(a)、图34(b)所示，上盖2为长方形，中央设置1~12个治疗管1，与其相应的防灰网5中央的固艾针6也设置1~12根。这样设置，可以对单个穴位或多个穴位进行施灸，施灸方向可垂直向上或向下。

如图34(a)、图34(b)所示，上盖2和管灸盒主体3两者可以分开，以方便倾倒艾条燃烧后留下的艾灰；多功能管灸盒内壁及治疗管1均为光滑的金属结构，使用后方便擦拭艾烟油，以保持内壁清洁，延长管灸盒使用寿命。

本管灸盒使用寿命长，操作方便，既可用于临床治疗，也适于个人、家庭防病保健。

七、管灸台

1.发明目的及优点

本发明的目的是提供一种既能用于温和灸，又能用于隔物灸的管灸台。

与现有技术相比，本发明具有以下优点：①燃艾治疗管是金属结构，使用后可清除燃艾治疗管内壁的艾烟油；②燃艾管外设置保温结构，热力药力集中且不易散失，利用率高，艾条燃烧时间长；③艾条随着燃烧靠自身重量自然下落，艾灰落入防灰网；④燃艾治疗管上下口皆可做治疗口并同时垂直向上或向下施灸；⑤管灸台既可用于温和灸，也可用于隔物灸。

2.结构及说明(图35)

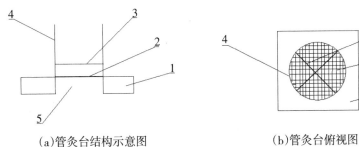

(a)管灸台结构示意图　　　　(b)管灸台俯视图

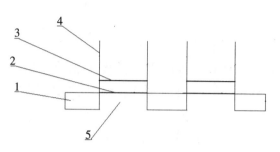

（c）双管管灸台结构示意图

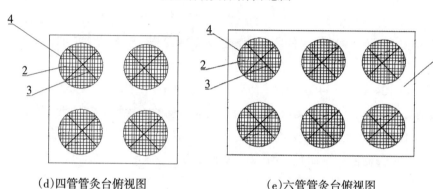

（d）四管管灸台俯视图　　　　　　（e）六管管灸台俯视图

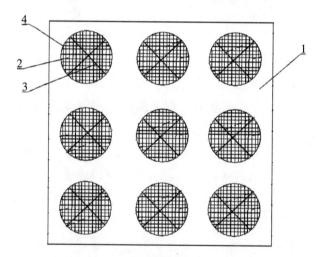

（f）九管管灸台俯视图

1.底座；2.防灰网；3.艾条支撑架；4.燃艾管；5.下治疗孔。

图35　管灸台

3.具体实施方式

以下结合图35说明和具体实施方式对本发明做进一步的详细描述：

图35(a)、图35(b)所示的管灸台,包括底座1、防灰网2、艾条支撑架3、燃艾管4、下治疗孔5等部分。底座1设置为方形,中央有一直径为2.5 cm的圆形下治疗孔5;燃艾管4位于底座1的中央部,管口与下治疗孔5相对;防灰网2位于下治疗孔5与燃艾管4之间;艾条支撑架3位于燃艾管4的下方、防灰网2的上方。

底座1设置为边长4 cm×4 cm、高0.4 cm的长方体,中间的下治疗孔5可放置姜片、蒜片等药物进行隔药灸。

燃艾管4固定于底座1的中央,直径2.5 cm,高4 cm,材质为不锈钢,外设保温层。

艾条支撑架3位于燃艾管4的下方,距离底座1下面的距离分别为1 cm、3 cm,分别用于隔物灸和温和灸。

图35(c)、图35(d)、图35(e)、图35(f)所示为本发明的另几种结构的示意图,其特征在于:底座1设置为高0.4 cm,边长分别为8 cm×8 cm、8 cm×12 cm、12 cm×12 cm的长方体,每个燃艾管4之间间隔1.5 cm,每个燃艾管4的结构均同图35(a)。

本发明提供了一种新颖、使用方便的管灸台,解决了现有灸盒技术中灸盒内壁黏附艾烟油、艾条夹易脱落或松弛、灸盒晃动时艾条段位置移动和难以多方向灸治的问题。本发明外置保温层结构,可使热力药力集中、少散失,利用率高,艾条燃烧时间长;艾条随着燃烧靠自身重量自然下落,艾灰落入防灰网;本管灸台既可用于温和灸,也可用于隔物灸。

八、四足温灸管

1.发明目的及优点

本发明的目的是提供一种便于清除灸盒内壁黏附的艾烟油、艾条段移动范围小和可多方向施灸的灸具。

与现有技术相比,本发明具有以下优点:①本温灸管是金属结构,使用后便于清除温灸管内的艾烟油;②艾条放在燃艾治疗管中移动范围小,热力药力集中,艾条随着燃烧靠自身重量自然下落,艾灰落入接灰治疗网;③燃艾治疗管上下口皆可作为治疗口并同时垂直向上、向下施灸;④本四足温灸管结构简单,造价低,操作方便,易学易会,适于推广普及。

2.结构及说明(图36)

3.具体实施方式

以下结合图36说明和具体实施方式对本发明做进一步的详细描述：

图36所示的四足温灸管,包括燃艾治疗管1、艾条支撑架2、方形足3、接灰治疗网4。其特征在于：燃艾治疗管1为圆柱形,上下两端各有一个治疗口,可垂直向上、向下施灸；艾条支撑架2位于燃艾治疗管1下部,艾条在燃艾治疗管中移动范围小,热力药力集中；燃艾治疗管1是金属结构,使用后方便清除燃艾治疗管内壁的艾烟油；接灰治疗网4位于燃艾治疗管1下端,可以向下方辐射艾热,同时承接艾灰；四个方形足分布在温灸管的四个对称方向,支撑温灸管。

如图36(a)、图36(c)所示,燃艾治疗管1和接灰治疗网4两者可以分开,方便倾倒艾条燃烧后留下的艾灰。四足温灸管可向下温和灸,也可进行隔姜灸、隔蒜灸、隔附子饼灸等隔物灸。

本发明提供了一种新颖、使用方便的四足温灸管,解决了现有灸盒技术

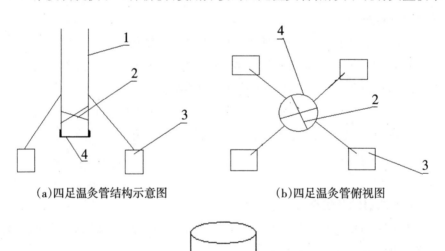

(a)四足温灸管结构示意图 　　　　　　(b)四足温灸管俯视图

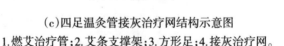

(c)四足温灸管接灰治疗网结构示意图

1.燃艾治疗管；2.艾条支撑架；3.方形足；4.接灰治疗网。

图36　四足温灸管

中灸盒内壁黏附艾烟油、艾条夹易脱落或松弛、灸盒晃动时艾条段位置移动和难以多方向灸治等问题。

九、台式管灸器

温管灸,是用苇管(或竹管)作为灸器向耳内施灸的一种方法。因用苇管作为灸具,所以也称苇管灸。苇管灸将苇管灸器插入耳道,灸的温热感传到耳中,加之配合针刺相关穴位,可以激发经气、振奋阳气、疏通经脉、驱除风寒之邪。现代临床上使用苇管灸器熏灸外耳道以治疗耳疾及相关疾病。

1.发明目的及优点

本发明的目的是针对温管灸现有技术中所使用的苇管灸器多是以苇管(或竹管)做原料,不能重复使用,结构太过简单,操作较为复杂,且在耳部施灸时不好固定易掉落等问题,提供一种台式管灸器。

与现有技术相比,本发明具有以下优点:①台式管灸器治疗管以不锈钢管为主,方便清洁艾烟油,可反复使用;②不但可用于耳道灸,还可垂直向上、向下施灸,且艾条放在燃艾治疗管中,不需固定,艾条在燃烧过程中靠自身重量自然下落;③使用艾条段作为灸材,比艾炷更方便;④伸缩支架可上下移动,不需手持,患者可在不同体位进行治疗;⑤操作方便,省力省时,易学易会,适于推广普及。

2.结构及说明(图37)

3.具体实施方式

以下结合图37说明和具体实施方式对本发明做进一步的详细描述:

图37(a)、图37(c)、图37(d)所示的台式管灸器,由底座1、伸缩支架2、

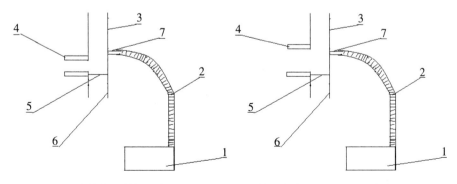

　　(a)台式管灸器结构示意图　　　　(b)台式管灸器另一种实施例结构示意图

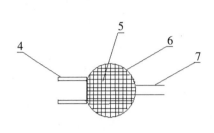 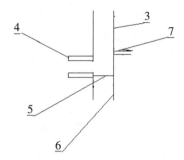

(c)管灸器治疗头上面观　　　　(d)台式管灸器治疗头结构示意图

1.底座;2.伸缩支架;3.燃艾治疗管;4.耳灸管;5.防灰网;6.下治疗管;7.连接横管。

图37　台式管灸器

燃艾治疗管3、耳灸管4、下治疗管6等部分组成。燃艾治疗管3由不锈钢管构成,使用后方便擦掉艾烟油;燃艾治疗管3一侧设置连接横管7,可插入伸缩支架末端起固定作用;耳灸管4位于燃艾治疗管3的另一侧,防灰网5的上方;防灰网5位于燃艾治疗管3与下治疗管6的中间;下治疗管6与燃艾治疗管3、防灰网5在一条直线上,空气从防灰网5进入燃艾治疗管3。

耳灸管4外罩一层软橡胶,直径为0.8 cm,治疗时放置在外耳道处较舒适。

燃艾治疗管3既是艾条段燃烧的场所,又是垂直向上施灸的治疗管。

底座1为长方形,主要用于稳定台式管灸器治疗头,还可盛放管灸器治疗头和艾条。

如图37(c)、图37(d)所示,台式管灸器设计为独立结构,便于将艾灰倒出。

图37(b)所示为本发明的另一种结构的示意图,其特征在于:耳灸管4较图37(a)耳灸管内径略粗,可用于需水平施灸的治疗部位。

十、多功能肢体熏灸盒

艾灸既能用于治疗疾病,也可防病保健,具有温经散寒、扶阳固脱、消瘀散结的作用。传统艾灸分为四类:艾炷灸、艾条灸、温针灸、器械灸。艾炷灸、艾条灸和温针灸这三种灸法操作较为烦琐,耗时长,而借助于各种灸疗器具施治的器械灸操作简单,省时省力,易于推广普及。但是现有的各种熏灸盒存在以下缺点:①灸盒是一体式结构,盒内黏附的艾烟油不易清除;②

艾条段在灸盒里面的防灰网上容易移动,艾热不稳定;③灸盒只能垂直向下灸治,不能向上、向旁侧施灸;④现有的灸盒用于四肢治疗时操作不便。

1.发明目的及优点

本发明的目的是针对现有灸盒不能满足患者在不同体位、不同部位施灸的需要,特别是在不同体位施灸时没有一种使用方便的熏灸盒,灸盒内艾条段易移动,导致热力、药力不固定等问题,提供一种多功能肢体熏灸盒。

与现有技术相比,本发明具有以下优点:①盒体弧形侧壁中央设置治疗管,便于垂直位肢体施灸;②盒体下部四角设置四个方形足,盒底与盒底的防灰网呈凹形,适于水平位肢体施灸;③盒盖和盒体呈分体式结构,便于倾倒盒体内燃艾后产生的艾灰;④熏灸盒腔内面衬有一层薄铁皮,盒盖中央的治疗管也是金属结构,使用后方便清除艾烟油;⑤艾条段固定在防灰网上的固艾针上燃烧,灸盒晃动时艾条段不移动,艾热治疗部位固定;⑥熏灸盒除可通过侧面治疗管和防灰网进行水平侧向施灸、垂直向下施灸外,还可垂直向上施灸。

2.结构及说明(图38)

3.具体实施方式

以下结合图38说明和具体实施方式对本发明做进一步的详细描述:

图38所示的多功能肢体熏灸盒,包括上盖2和熏灸盒体4,以及设置在上盖2中央的治疗管1、上盖2下面的铁皮3、盒体下部的防灰网6、侧面治疗管8、防灰网中央的固艾针7、盒体两侧面的弓形环扣9等。其特征在于:熏灸盒体4为长方体,在熏灸盒体4下方设置方形足5、防灰网6,弧形侧壁中央设置侧面治疗管8;熏灸盒上盖2下面和主体熏灸盒体4内壁设置一层铁皮3,以便擦拭艾烟油;防灰网6中央设置固艾针7,以便固定艾条段;方形足5分布在四角,空气从防灰网6进入熏灸盒体4内。

如图38(a)、图38(c)所示,上盖2为长方形,中央设置1个治疗管1,与其相应的防灰网6中央的固艾针7也设置1根。这样设置不但可以直接施灸,也可进行隔物灸,施灸方向可垂直向上或向下。

如图38所示,上盖2和熏灸盒体4两者可以分开,方便倾倒艾条燃烧后留下的艾灰;多功能肢体熏灸盒内壁及治疗管1均为光滑的金属结构,使用后可以擦拭艾烟油,以保持内壁清洁,延长多功能肢体熏灸盒的使用寿命。

如图38所示,弧形侧壁中央设置侧面治疗管8,侧面治疗管8较短,管口

第二章　针灸器械

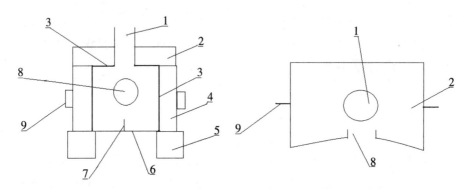

(a)多功能肢体熏灸盒结构示意图　　　(b)多功能肢体熏灸盒上面观

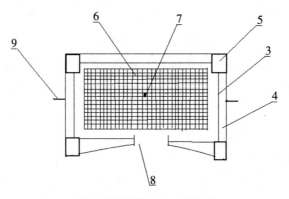

(c)多功能肢体熏灸盒下面观

1.治疗管;2.上盖;3.熏灸盒内壁铁皮;4.熏灸盒体;5.方形足;6.防灰网;7.固艾针;
8.侧面治疗管;9.弓形环扣。

图38　多功能肢体熏灸盒

不突出熏灸盒体4,与熏灸盒体4外面平齐,便于对垂直位肢体进行施灸。

第五节　足灸治疗器

一、按摩足灸盒

1.发明目的及优点

艾灸和按摩是中国传统医学的一部分,两者在不断发展演变的过程中都加入了器械操作。按摩灸是将艾灸和按摩两种传统外治法结合在一起的一种器械灸,它将按摩手法中的点、按、压、擦、推等手法运用到艾灸操作中,丰富了灸法的内容。按摩足灸盒是将足底按摩疗法融入足底艾灸的一种按摩灸器械。

本发明的目的是提供一种既能按摩又能艾灸的按摩足灸盒。

与现有技术相比,本发明具有以下优点:①按摩足灸盒里面放置L形燃艾槽,足踏其上,施灸方便;②患者取坐位接受灸治,易坚持较长时间;③治疗过程中通过移动L形燃艾槽更换艾条段,操作方便。

2.结构及说明(图39)

3.具体实施方式

以下结合图39说明和具体实施方式对本发明做进一步的详细描述:

图39所示的按摩足灸盒,由L形燃艾槽3、足底按摩珠1、排烟管5三部分组成。其特征在于:L形燃艾槽3设置燃艾槽把手4、艾条挡板7、艾条段2,按摩足灸盒侧壁设置排烟管5、进气孔6;足底按摩珠1设置在按摩足灸盒的上面。

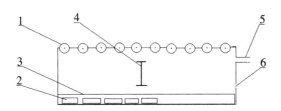

(a)按摩足灸盒结构示意图

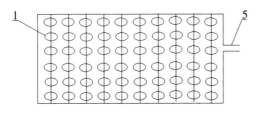

(b)按摩足灸盒足底按摩珠结构示意图

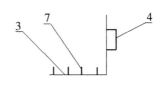

(c)按摩足灸盒L形燃艾槽结构示意图

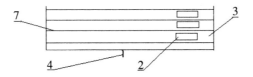

(d)按摩足灸盒L形燃艾槽的上面观

1.足底按摩珠;2.艾条段;3.L形燃艾槽;4.燃艾槽把手;5.排烟管;6.进气孔;7.艾条挡板。

图39 按摩足灸盒

艾条挡板7设置在L形燃艾槽3中间,呈"川"字形,高2 cm,艾条挡板之间的间隔为2.3 cm。

使用方法:将点燃的艾条段放入L形燃艾槽,再送入按摩足灸盒内,患者足踏按摩珠,一边艾灸,一边进行足底按摩。排烟管与侧吸式艾烟净化器相连,将盒内艾烟抽出并净化,以达到无烟化治疗的效果。

二、隔物足灸盒

1.发明目的及优点

本发明的目的是针对足灸盒只能温和灸、不能进行隔物灸的问题,提供一种隔物足灸盒。

与现有技术相比,本发明具有以下优点:①隔物足灸盒里面放置燃艾台,足踏其上,施灸方便;②患者坐位接受施灸,治疗舒适持久;③治疗过程中可通过移动燃艾台更换艾条段,操作方便。

2.结构及说明(图40)

3.具体实施方式

以下结合图40说明和具体实施方式对本发明做进一步的详细描述:

图40(a)、图40(b)、图40(c)、图40(d)所示的隔物足灸盒,由燃艾台7、储药槽1、排烟管10三部分组成。其特征在于:燃艾台7包括插艾针5、燃艾台把手11、接灰托8、艾条段4四部分;隔物足灸盒设置灸盒侧门2、排烟管10、进气孔12,灸盒侧门2设置侧门折页6和侧门把手3;储药槽1设置储药槽底网9。

燃艾台把手11设置在灸盒侧门2与燃艾台7底面之间,与燃艾台7底面在同一水平面。

插艾针5设置为两列,每列4个。

储药槽1设置为长方形,不锈钢材质,长33 cm、宽12 cm、深1.5 cm。

使用方法:隔物足灸盒储药槽里面放置一层纱布,纱布上放置厚1.5 cm的姜末;患者双足踏于姜末上,点燃艾条段,将燃艾台放入灸盒,从下向上加热储药槽里面的姜末;排烟管与侧吸式艾烟净化器相连,可将盒内的艾烟抽出并净化,以达到无烟化治疗的效果,解决了艾灸治疗过程中艾烟污染的问题;一般每次治疗更换2~4次艾条段,每周治疗2~6次。

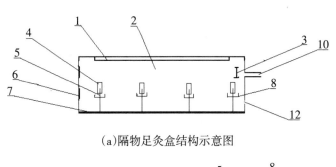

（a)隔物足灸盒结构示意图

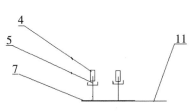

（b)隔物足灸盒燃艾台结构示意图

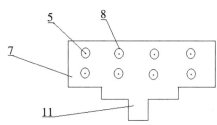

（c)隔物足灸盒燃艾台上面观

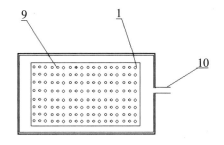

（d)隔物足灸盒上面观

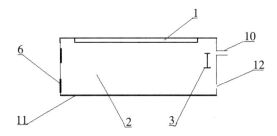

（e)隔物足灸盒外观

1.储药槽；2.灸盒侧门；3.侧门把手；4.艾条段；5.插艾针；6.侧门折页；7.燃艾台；8.接灰托；9.储药槽底网；10.排烟管；11.燃艾台把手；12.进气孔。

图40　隔物足灸盒

三、足灸盒

1.发明目的及优点

灸盒是常用的灸疗器具,既可用于临床治疗,也适于个人、家庭防病保健。临床上艾灸涌泉穴可以治疗高血压、失眠、口腔溃疡等疾病,有引火归原的功效;艾灸足底还可消除足部疲劳,治疗足部疾病。灸盒的上述缺点限制了灸法的推广普及,已不能满足患者日益增长且多样化的治疗需求。

本发明的目的是针对患者坐位时足底朝下,普通灸盒不易施灸、手持施灸不能持久等问题,提供一种足灸盒。

与现有技术相比,本发明具有以下优点:①足灸盒里面放置燃艾台,足踏其上,施灸方便;②患者坐位接受施灸,治疗舒适持久;③治疗过程中,移动燃艾台即可更换艾条段,操作方便;④施灸部位不受限制,既可灸治足部一个或几个穴位,也可艾灸整个足底。

2.结构及说明(图41)

3.具体实施方式

以下结合图41说明和具体实施方式对本发明做进一步的详细描述:

图41所示的足灸盒,由燃艾台、足灸盒外壳、足踏治疗网三部分组成。

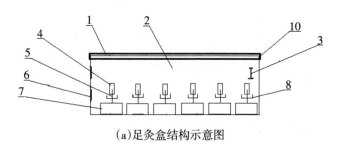

(a)足灸盒结构示意图

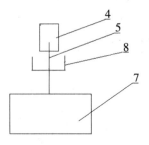

(b)足灸盒燃艾台结构示意图

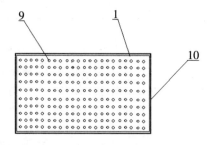

(c)足灸盒上面观

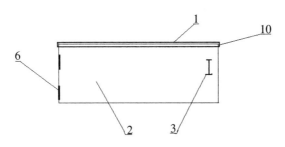

(d)足灸盒侧面观

1.足踏治疗网;2.灸盒侧门;3.侧门把手;4.艾条段;5.插艾针;6.侧门折页;7.燃艾台底座;8.接灰托;9.足踏治疗网孔;10.外檐。

图41　足灸盒

其特征在于:燃艾台包括插艾针5、燃艾台底座7、接灰托8三部分;足灸盒外壳侧面设置活动的灸盒侧门2,灸盒侧门2设置侧门折页6和侧门把手3;足踏治疗网1有分布均匀的足踏治疗网孔9和外檐10。

燃艾台底座7为长方体,上面设置插艾针1~6根。

足灸盒外壳为长方体,长33 cm,高10 cm,宽12 cm。

足踏治疗网1设置为长方形,不锈钢材质,长33.5 cm,宽12.5 cm,四边设置宽2 cm的外檐10。

使用方法:足灸盒上面放置数层纱布,患者足踏于治疗网上,点燃艾条段,将燃艾台放入足灸盒,对准足底穴位,关上侧壁盒门,治疗开始。治疗过程中可以更换艾条段,此法既可灸治一个或几个穴位,也可艾灸整个足底。

四、足灸器

1.发明目的及优点

本发明的目的是针对坐位时足底朝下,普通灸盒不易施灸、手持施灸不能持久等问题,提供一种解决上述问题的足灸器。

与现有技术相比,本发明具有以下优点:①足灸器里面放置燃艾台,足踏其上,施灸方便;②患者坐位接受施灸,治疗舒适持久;③治疗过程中,移动燃艾台更换艾条段,操作方便;④施灸部位不受限制,既可灸治足部一个或几个穴位,也可艾灸整个足底或两只脚同时施灸。

2.结构及说明(图42)

3.具体实施方式

以下结合图42说明和具体实施方式对本发明做进一步的详细描述:

图42所示的足灸器,由足灸器外壳、燃艾管、治疗板三部分组成。其特征在于:足灸器外壳设置足踏治疗网1、L形侧门2、出气管6、进气孔8,L形侧门2设置侧门把手3和固艾钉7,治疗板设置治疗板孔10,燃艾管包括下端的插艾针管5和上端的插艾针11。

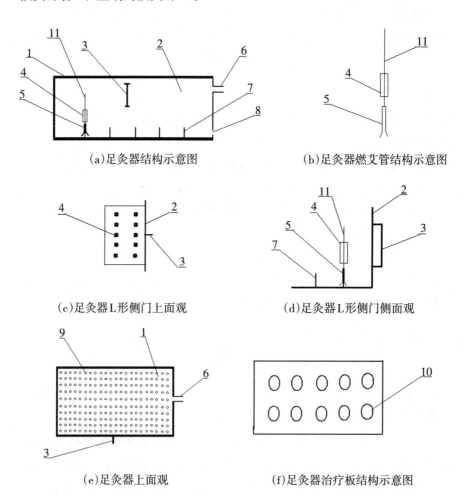

(a)足灸器结构示意图　　　　　　(b)足灸器燃艾管结构示意图

(c)足灸器L形侧门上面观　　　　　(d)足灸器L形侧门侧面观

(e)足灸器上面观　　　　　　　(f)足灸器治疗板结构示意图

1.足踏治疗网;2.L形侧门;3.侧门把手;4.艾条段;5.插艾针管;6.出气管;7.固艾钉;
8.进气孔;9.足踏治疗网孔;10.治疗板孔;11.插艾针。

图42　足灸器

足灸器外壳设置为长方体,长33 cm,高10 cm,宽22 cm。

足踏治疗网1设置为长方形,不锈钢材质,长33 cm,宽22 cm。

L形侧门2侧面长33 cm、高9 cm,底面长31 cm、宽20 cm。

固艾钉7设置2排,5~10根。

插艾针管5设置为空心管,开口设置为广口。

治疗板设置8~10个治疗板孔10,治疗板长33 cm,宽22 cm。

使用方法:足灸器上面放置数层纱布,患者足踏于治疗网上,点燃艾条段,将燃艾台放入足灸器内,对准足底穴位,关上侧壁门,治疗开始。治疗过程中可以更换艾条段,此法既可灸治一个或几个穴位,也可艾灸整个足底或两只脚同时施灸。

第六节　温针灸治疗器

一、温针灸盒

1.发明目的及优点

本发明的目的是针对现有技术中灸盒内壁易黏附艾烟油、灸盒晃动时艾条段移动,以及温针灸艾条段或艾炷容易脱落致烫伤皮肤、烧坏床单等问题,提供一种能解决上述问题的温针灸盒。

与现有技术相比,本发明具有以下优点:①盒盖和盒体内面衬有一层薄铁皮,盒盖中央的治疗管也是金属结构,使用后便于去除艾烟油;②艾条段固定在防灰网上的细针上燃烧,灸盒晃动时艾条段不移动,艾热稳定;③防灰网位置较高,既能进行温针灸,也能进行温和灸或隔物灸。

2.结构及说明(图43)

3.具体实施方式

以下结合图43说明和具体实施方式对本发明做进一步的详细描述:

图43(a)、图43(d)、图43(e)所示的温针灸盒,由盒盖和盒体两部分组成。其特征在于:盒盖和盒体的内面衬有一层薄铁皮,使用后便于擦掉艾烟油;盒盖中央设置出气孔1、上盖把手8;盒内设置防灰治疗网6,防灰治疗网中央设置固定艾条段的固艾针4;盒体侧壁下部设置进气孔7,盒体侧壁上部设置与盒盖大小相配的盒盖卡槽3。

防灰网中央设置的固艾针4固定在防灰治疗网6上,使艾条段位置不变,固艾针4设置2~4个,防灰网位置较高,距灸盒底约5cm,略高于针柄。

盒盖和盒体可分开,将艾灰倒出。

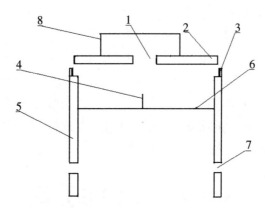

(a)温针灸盒结构示意图

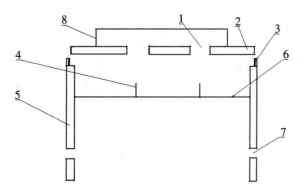

(b)温针灸盒另一种实施例结构示意图

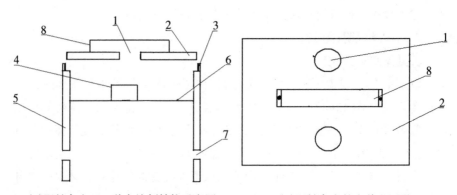

(c)温针灸盒又一种实施例结构示意图　　　(d)温针灸盒的盒盖上面观

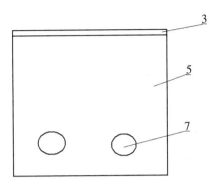

(e)温针灸盒侧面观

1.出气孔;2.上盖;3.盒盖卡槽;4.固艾针(固艾网);5.侧壁;6.防灰治疗网;7.进气孔;8.上盖把手。

图43　温针灸盒

盒盖长方形,中央设置出气孔2~4个,且有一个把手。

如图43(b)、图43(c)所示,为本发明的另一种结构,防灰网中央设置的固艾网4固定在防灰治疗网6上,使艾条段位置不变,固艾针4设置2~4个,防灰网位置较高,距灸盒底约5 cm,略高于针柄。

本灸盒使用方法:先将毫针刺入腧穴,行针得气后再将温针灸盒罩于针刺部位,然后将点燃的艾条段固定在固艾针上,盖上盒盖即可。

二、帽式温针灸器

1.发明目的及优点

本发明的目的是针对温针灸现有技术中艾条段或艾炷在针柄末端燃烧,艾条段或艾炷更换不易,且容易脱落烫伤皮肤、烧坏床单等问题,提供一种帽式温针灸器。

与现有技术相比,本发明具有以下优点:①针刺和艾灸可分别进行,操作方便;②可用于针柄在0°到90°方向范围内进行艾灸加热;③治疗过程中或更换艾条时可行针以加强针感;④安全可靠,操作方便。

2.结构及说明(图44)

3.具体实施方式

以下结合图44说明和具体实施方式对本发明做进一步的详细描述:

图44(a)、图44(b)、图44(c)所示的帽式温针灸器,由穿艾针1、针柄套管

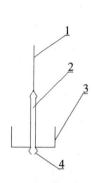
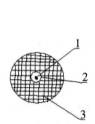
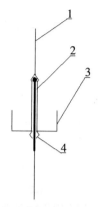
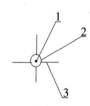

(a)帽式温针灸 (b)帽式温针灸器 (c)帽式温针灸器 (d)帽式温针灸器另一种
器结构示意图 上面观   使用状态示意图 实施例上面观

1.穿艾针;2.针柄套管;3.艾条托;4.针柄套管口。

图44 帽式温针灸器

2、艾条托3三部分组成。其特征在于:针柄套管2设置为细空管状,上端略膨大,与圈状针尾相应,下端呈外八字形;穿艾针1设置为细针状,用来穿透艾条段,且为帽式温针灸器的手持部位;艾条托3底面设置为网状,防止艾灰脱落烫伤皮肤。

  针柄套管2直径为0.3 cm,高1.5~2.5 cm,是艾炷或艾条段固定燃烧的部位。

  艾条托3设置为圆柱形,直径2~3 cm,外檐高2 cm。

  针柄套管口4设置为外八字形,以增加针柄套管口与针柄的摩擦力。

  图44(d)为本发明的另一实施例。其特征为:艾条托3设置为十字架形,底边长2~3 cm,外檐高2 cm。其余结构与图44(a)相同。

  本发明的使用方法:先将穿艾针纵向穿透艾条段或艾炷,然后固定在针柄套管上,手持穿艾针点燃艾条段或艾炷的下部,行针得气后再将针柄套管固定在针柄上。治疗间隙可行针以调整针感。帽式温针灸器适于针柄向上施灸。灸毕,将帽式温针灸器取下,倒掉艾灰,以备下次使用。

三、温针灸架

1.发明目的及优点

本发明的目的是针对现有温针灸技术中针柄末端的艾条段或艾炷容易

脱落致烫伤皮肤、烧坏床单等问题,提供一种温针灸架。

与现有技术相比,本发明具有以下优点:①针刺和艾灸分别进行,操作方便;②可多针同时施灸,能满足温针灸多个穴位的需要;③既能做温针灸,也能做穴位温和灸;④本温针灸盒可以对不同方向的针柄进行加热,操作方便。

2.结构及说明(图45)

3.具体实施方式

以下结合图45说明和具体实施方式对本发明做进一步的详细描述:

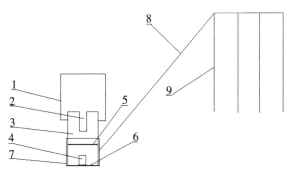

(a)温针灸架结构示意图

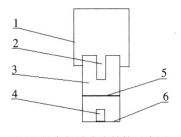

(b)温针灸架治疗头结构示意图

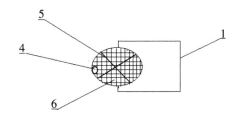

(c)温针灸架治疗头上面观

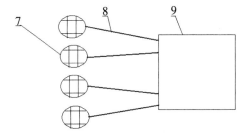

(d)温针灸架上面观

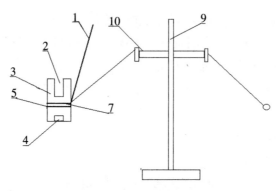

(e)温针灸架另一种实施例结构示意图

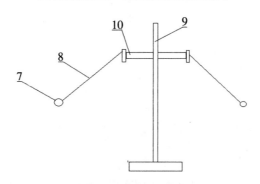

(f)温针灸架又一种实施例结构示意图

1.燃艾管把手;2.烧针上口;3.燃艾管;4.烧针下口;5.燃艾支撑架;6.防灰网;7.燃艾管托;8.伸缩臂;9.固定架;10.横杆。

图45 温针灸架

图45(a)、图45(b)、图45(c)、图45(d)所示的温针灸架,由燃艾管3、固定架9、燃艾管托7和伸缩臂8四部分组成。其特征在于:燃艾管3设置燃艾管把手1、烧针上口2、烧针下口4、燃艾支撑架5、防灰网6,燃艾管3为不锈钢管,使用后便于擦掉艾烟油;燃艾管托7设置为圆柱状,用来盛放燃艾管3;固定架9上面设置伸缩臂8,伸缩臂另一端连接燃艾管托7。

烧针上口2位于燃艾支撑架5的上方,烧针下口4位于燃艾支撑架5的上方,用于加热不同方向的针柄。

伸缩臂8设置为4~10条,燃艾管托7也设置为4~10个。

固定架9设置为长方形,四条支撑腿之间不设横梁,可以骑放于躺在治疗床上的患者的上方,方便使用。

图45(e)、图45(f)是本发明另外两种结构的示意图。固定架9设置为独杆支架,支架下有一稳定底座,支架上面有一固定伸缩臂8的横杆10,伸缩臂8设置为4~10条,燃艾管托7也设置为4~10个。燃艾管把手1的一端固定于燃艾管的中下部,长约7 cm。

本温针灸架的使用方法:先将毫针刺入腧穴,行针得气后再将针柄插入燃艾管烧针口。针柄在水平方向或近似水平方向时使用烧针上口,艾条段在燃艾管内从上往下燃烧。针柄在垂直方向或近似垂直方向时使用烧针下口,艾条段在燃艾管内从下往上燃烧。灸毕,通过燃艾管把手将燃艾管取下,倒掉艾灰,以备下次使用。

四、垂直式温针灸架

1.发明目的及优点

本发明的目的是针对现有温针灸技术中针柄末端的艾条段或艾炷容易脱落致烫伤皮肤、烧坏床单等问题,提供了一种垂直式温针灸架。

与现有技术相比,本发明具有以下优点:操作方便,安全可靠,针刺和艾灸可分别进行。

2.结构及说明(图46)

3.具体实施方式

以下结合图46说明和具体实施方式对本发明做进一步的详细描述:

如图46所示的垂直式温针灸架,其特征在于:接灰盘3设置在套针管2

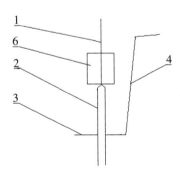
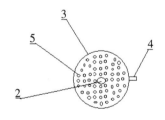

(a)垂直式温针灸架结构示意图　　(b)垂直式温针灸架上面观结构示意图

1.穿艾针;2.套针管;3.接灰盘;4.把手;5.透热孔;6.艾条段。

图46　垂直式温针灸架

的中部,与把手4相连,接灰盘3上有均匀分布的透热孔5;穿艾针1设置在套针管2的上方,用于穿插、固定艾条段6。

温针灸是针刺和艾灸相结合的一种灸法,毫针是艾炷或艾条段的支撑,临床常用的毫针有两个技术特征:一是花柄针,针柄粗。二是环柄针,针柄细,环柄针又分为无尾针与有尾针(针柄末端有一小圆环),帽式温针灸器的针柄套管适用于环柄针,艾炷或艾条段由穿艾针穿过,再穿过针柄套管,固定在针柄套管上。针柄套管外径较粗,穿艾条段时阻力大,使用不便。临床上毫针方向垂直者较多,本垂直式温针灸架主要用于针柄垂直向上的温针灸,燃艾底托位于针套管2靠近穿艾针的位置,艾条段由穿艾针1穿透并固定,穿艾针1纤细、阻力小,易于穿透艾条段,使用方便,这是本发明的主要技术特点,也是主要创新点。把手便于更换艾条段。

五、水平式温灸针灸架

1.发明目的及优点
温针灸是将艾条段或艾炷固定在毫针针柄施灸,也是将艾灸和针刺结合在一起使用的技术。临床使用时,针柄末端的艾条段或艾炷容易脱落,烫伤皮肤、烧坏床单,不利于温针灸疗法的推广应用。

本发明的目的是针对现有温针灸技术中针柄末端的艾条段或艾炷容易脱落致烫伤皮肤、烧坏床单等问题,提供一种水平式温针灸盒。

与现有技术相比,本发明具有以下优点:①针刺和艾灸可分别进行,操作方便;②可多针同时施灸,能满足温针灸多个穴位的需要。

2.结构及说明(图47)
3.具体实施方式
以下结合图47说明和具体实施方式对本发明做进一步的详细描述:

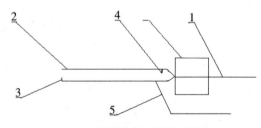

(a)水平式温针灸架结构示意图

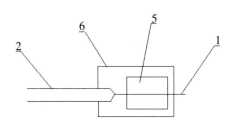

(b)水平式温针灸架上面观

1.穿艾针;2.针套管;3.针根固定;4.针尾固定;5.燃艾底托;6.艾条段。

图47　水平式温针灸架

图47所示的水平式温针灸架,其特征在于:针套管2下部设置针根固定3、燃艾底托5,上部设置针尾固定4;针根固定3和针尾固定4分别设置在针套管2的外侧和内侧,用于固定针根和针尾;穿艾针1设置在针套管2的封闭端,穿插、固定艾条段6;燃艾底托5设置在艾条段6和穿艾针1的下方。

第七节　隔物灸治疗器

一、座式隔物灸治疗器

1.发明目的及优点

本发明的目的是提供用于隔物灸治疗的隔物灸架。

与现有技术相比,本发明具有以下优点:本治疗器是用于隔物灸的一种灸具,隔物灸架固定在姜片、蒜片等隔衬物上,而艾条段固定在插艾针上,取用方便,操作安全。

2.结构及说明(图48)

3.具体实施方式

以下结合图48说明和具体实施方式对本发明做进一步的详细描述:

如图48所示的隔物灸架,其特征在于:固定针2设置为4个,呈"十"字形分布,固定在隔衬物1上;插艾针4设置在固定针2的中央,用来穿插、固定艾条段3。

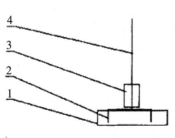
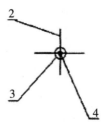

(a)隔物灸架结构示意图　　　　　(b)隔物灸架俯视图

1.隔衬物;2.固定针;3.艾条段;4.插艾针。

图48　隔物灸架

二、手持式隔物灸治疗器

1.发明目的及优点

本发明的目的是提供一种用于隔姜灸、隔附子饼灸等隔物灸的隔物灸治疗器。

与现有技术相比,本发明具有以下优点:①燃艾台是不锈钢材质,艾热传递迅速;②艾条段或艾炷固定在固艾针上,安全可靠,更换方便;③燃艾台的周围设置防护栏,避免艾条段或艾炷滚落,烫伤皮肤;④管灸台可用于隔姜灸、隔附子饼灸等多种隔物灸。

2.结构及说明(图49)

3.具体实施方式

以下结合图49说明和具体实施方式对本发明做进一步的详细描述:

图49所示的隔物灸治疗器,包括底座1、防护栏2、燃艾台3、固艾针4、把手5、透热孔6等部分。其特征在于:底座1设置在燃艾台3的下方,起固定姜

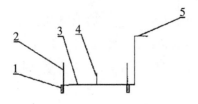
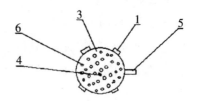

(a)手持式隔物灸治疗器结构示意图　　　(b)手持式隔物灸治疗器俯视图

1.底座;2.防护栏;3.燃艾台;4.固艾针;5.把手;6.透热孔。

图49　手持式隔物灸治疗器

片、附子饼等隔衬物的作用;燃艾台3设置防护栏2、透热孔6;固艾针4设置在燃艾台3的中间位置,起固定艾炷或艾条段的作用;把手5设置在燃艾台3的一侧。

燃艾台3设置为直径2.5~3.5 cm的圆形,不锈钢材质。

底座1设置为4个,高0.4~0.6 cm,分布在间距相等的燃艾台3的边缘。

使用方法:将生姜片(或附子饼)切成厚0.4~0.6 cm、直径约3 cm的圆片,放置在待灸腧穴上,再把艾炷或艾条段点燃后固定在燃艾台中间的固艾针上,开始隔物灸治疗。待艾炷燃尽后,手持把手更换艾炷而隔衬物生姜片(或附子饼)不需移动。

三、艾炷灸温灸器

1.发明目的及优点

本发明的目的是提供一种既能用于单个腧穴艾炷灸,又能用于多个腧穴施灸的艾炷灸温灸器。

与现有技术相比,本发明具有以下优点:本艾炷灸温灸器可单个腧穴施灸,也可多个腧穴同时施灸;腧穴施灸时位置可调,能够满足不同条件下施灸的需要。

2.结构及说明(图50)

3.具体实施方式

以下结合图50说明和具体实施方式对本发明做进一步的详细描述:

图50所示的艾炷灸温灸器,包括艾炷治疗台1、连接轴6两部分。其特征在于:艾炷治疗台1设置连接轴孔2、防灰网3、中轴4、燃艾管5;连接轴孔2和中轴4设置在艾炷治疗台1的两端;防灰网3设置在燃艾管5的下部;燃艾管5设置在艾炷治疗台1的中央;连接轴6从连接轴孔2穿过,连接、固定艾炷治疗台1。

燃艾管5设置为直径0.4~2.1 cm、高2.2 cm的圆柱体。

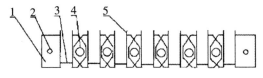

(a)艾炷灸温灸器结构示意图

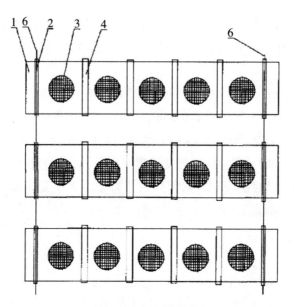

（b）艾炷灸温灸器俯视图

1.艾炷治疗台；2.连接轴孔；3.防灰网；4.中轴；5.燃艾管；6.连接轴。

图50　艾炷灸温灸器

中轴4设置在艾炷治疗台1的两端，艾炷治疗台1可以围绕中轴4在10°~45°内转动。

艾炷治疗台1设置2~22个，长×宽×高为2.5 cm×2.2 cm×2.1 cm。

艾炷灸温灸器使用方法：燃艾管内可以放置直径或边长为0.4~1.8 cm的艾炷，既可单穴施灸，也可在背部督脉穴和两侧膀胱经腧穴同时灸治。

第八节　五官灸治疗器

一、眼灸治疗器

1.发明目的及优点

眼灸是指以眼灸器作为灸具进行施灸的一种温灸器灸法，该法是通过综合经络、腧穴、艾灸三者共同作用防治疾病的一种中医外治疗法。

本发明的目的是提供一种用于防治眼部疾病的眼灸治疗器。

与现有技术相比，本发明具有以下优点：①本发明突破了眼部禁灸的陈旧观念;②运用眼灸治疗器在眼部施灸,温和舒适;③本发明包括眼部温和灸、眼部隔物灸。

2.结构及说明(图51)

3.具体实施方式

以下结合图51说明和具体实施方式对本发明做进一步的详细描述:

图51所示的眼灸治疗器,主要由药纱布、盒盖、核桃壳、燃艾盒等部分构成。其特征在于:药纱布1是由特殊的药物经浸泡后晾干所制,密封保存备用;外壳5下方设置治疗孔2,艾热向下渗透直达眼部起治疗作用;外壳5下方设置鼻凹3,与鼻部凸起的结构相对应;外壳5下方设置核桃壳4,位置正对眼睑;燃艾盒6设置在外壳5的上方,与核桃壳4相对,内置艾条段9;燃艾盒6的底部设置透热孔8,艾热向下辐射;盒盖10设置按钮,通过燃艾盒凸起

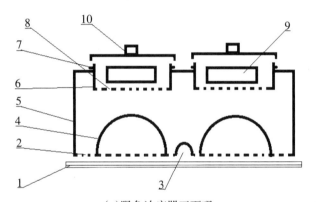

(a)眼灸治疗器正面观

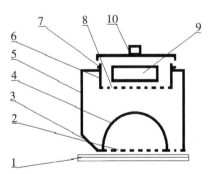

(b)眼灸治疗器侧面观

1.药纱布;2.治疗孔;3.鼻凹;4.核桃壳;5.外壳;6.燃艾盒;7.燃艾盒凸起;8.透热孔;
9.艾条段;10.盒盖。

图51　眼灸治疗器

7与燃艾盒6紧密接触,防止艾烟外散。

药纱布1浸泡药物配方及制备:柴胡、石斛、白菊花、蝉蜕、密蒙花、薄荷、谷精草、青葙子、枸杞子、决明子各占10%,用细纱布包裹,放入药锅中,加冷水600 mL,浸泡1 h,然后用火煎至水沸后5 min,将纱布及核桃壳放入药液中,浸泡30 min后,取出晾干,装瓶备用。

二、隔物眼灸治疗器

隔物眼灸治疗器呈长方形,上及眉上缘,下及眼眶下缘,两侧至眼眶外缘,鼻侧框下缘鼻根部留有三角形凹陷,可与鼻根相合。治疗前先在鼻面部铺3层药液浸透的纱布(开水浸泡菊花、决明子、黄连等中药,纱布拧干不滴水),眼灸治疗器放平稳,内置一薄层姜末,姜末干湿适中,以不流姜汁为佳,姜末厚度0.5 cm,小艾炷在中间和两侧共三壮,以患者感觉温和舒适为度。

1.眼灸器

(1)眼灸器1(图52)

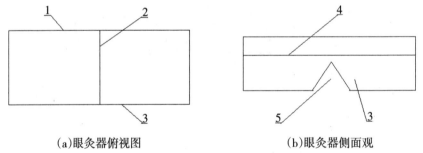

(a)眼灸器俯视图　　　　　　　(b)眼灸器侧面观

1.眼灸器额侧挡板;2.眼灸器中隔;3.眼灸器鼻侧挡板;4.燃艾网;5.鼻中凹。

图52　眼灸器1

眼部隔物灸治疗器,特点:适用于隔物灸、悬灸治疗。

关键技术:

1)眼灸器设置中隔,可以两眼或单眼施灸。

2)眼灸器覆盖眼、眼周,以及鼻中部区域,可治疗眼、鼻、副鼻窦疾病。

3)鼻侧挡板凹陷结构贴合鼻部凸起以方便施灸。

4)眼灸器可用于隔物灸治疗,放置燃艾网可用于艾炷悬灸。

5)燃艾网以横断隔开,也可放置艾条段施灸。

（2）眼灸器2（图53）

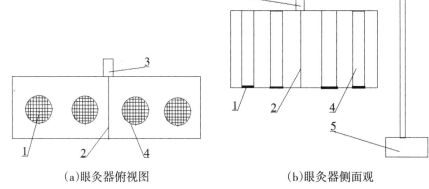

（a）眼灸器俯视图　　　　　　　　（b）眼灸器侧面观

1.燃艾网；2.中间隔；3.伸缩支架；4.燃艾管；5.底座。

图53　眼灸器2

关键技术：

1）眼灸器设置燃艾管，可以两眼或单眼施灸。

2）眼灸器覆盖眼及眼周，以及鼻至中部区域，治疗眼、鼻、副鼻窦疾病。

3）支架可上下左右移动，方便调节艾温。

2.眼灸法

（1）药物

灸材：纯艾炷、药艾炷、纯艾条、药艾条。

隔衬物：姜片、姜末。

药方：药物浸泡纱布，挤压去水，以纱布处于半干半湿状态为佳。

（2）急性结膜炎药方

千里光120 g，秦皮30 g，白菊花30 g，蒸馏水1 000 mL。

制法：取千里光、秦皮、白菊花洗净，加适量蒸馏水煎煮2次，合并煎液，过滤至澄明，装于清洁瓶中，灭菌（100 ℃ 30 min）备用。

用法：眼灸前将无菌纱布在药液中浸泡30 min，拧干，以不滴水为度。药液纱布覆盖眼部，上置眼灸器熏灸，每次20~30 min，纱布干燥后更换再熏灸。

（3）单纯疱疹性角膜炎外用药方

蒲公英20 g，夏枯草30 g，菊花15 g，黄芩10 g，防风、荆芥各9 g，煎汤外洗。

三、鼻灸器

鼻灸是五官灸法之一,是借助鼻灸器在鼻部施灸的一种温灸器灸法。鼻灸的操作方法包括鼻部隔物灸和鼻部悬起温和灸。

1.鼻灸器

(1)鼻灸器1(图54):

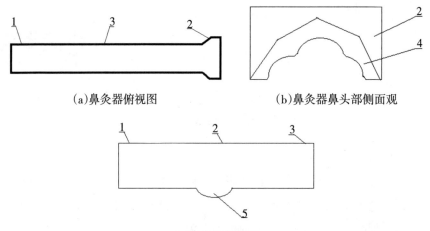

(a)鼻灸器俯视图　　　　　　　(b)鼻灸器鼻头部侧面观

(c)鼻灸器侧面观

1.鼻灸器额部;2.鼻灸器侧面挡板;3.鼻灸器鼻头部;4.鼻翼软垫;5.鼻根软垫。

图54　鼻灸器1

督脉鼻灸器,特点:覆盖鼻、额部督脉段,沿督脉施灸,包含了额窦、筛窦,隔衬物施灸。

关键技术:

1)框槽形设计,可以将姜末等隔衬物放于鼻灸器内,使之不致散落,同时约束艾炷,避免艾烟灰滚落至面部,发生烫伤。

2)框槽内放置姜末后,由于鼻部高低不平,姜末深浅有差异;因此,艾炷的大小、摆放的疏密等均会影响鼻部艾温的控制。

3)额鼻部高低不平,鼻灸器底部设置软垫克服了此缺点。

4)督脉鼻灸器横跨额窦、筛窦,邻近上颌窦,覆盖整个鼻部,对于鼻及鼻旁窦疾病有一定的防治功能。

(2)鼻灸器2(图55)

特点:纵向覆盖鼻头至鼻根,横向覆盖两侧上颌窦,既可填充姜末行隔

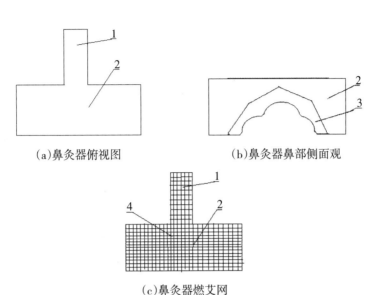

(a)鼻灸器俯视图　　　　　　(b)鼻灸器鼻部侧面观

(c)鼻灸器燃艾网

1.鼻灸器鼻根部;2.鼻灸器鼻头部;3.鼻头部软垫;4.燃艾网。

图55　鼻灸器2

物灸,也可不填充隔衬物行悬灸。

关键技术:

1)框槽形设计,起到约束隔衬物和艾炷的作用,避免艾炷滚落至面部引起烫伤。

2)框槽内放置姜末后,由于鼻部高低不平,姜末深浅有差异;因此,艾炷的大小、摆放的疏密等均会影响鼻部艾温的控制。

3)鼻部外观凸起不平,鼻灸器底部相应部位设置软垫克服了此缺点。

4)鼻灸器呈"T"字形结构,覆盖筛窦、上颌窦,主要防治鼻及鼻窦疾病。

5)此鼻灸器有两种施灸方式:一是框槽内放置姜末行隔姜灸,也可放置其他药物;二是将艾炷直接放在燃艾网上,行温和悬灸。

2.药物

药物是灸法起效的因素之一,灸法所用的药物包括艾叶、隔衬物,以及加入艾炷、艾条的其他药物。除艾叶、隔衬物之外,药物的加入形式有:将药物加入艾炷或艾条,随艾绒燃烧时起作用;将药物加入隔衬物(姜、蒜、盐等),随隔衬物加热后起药物温熨之效;将药物在纸上涂敷或将纱布浸泡于药液中做成药纸、药纱布;将药物打粉制成药饼、药豆、药膏、药糊。《理瀹骈文》认为内治之理即外治之理,内服药物皆可用于外治。中药外治药可以作为灸法药物配方的来源,作用于不同的灸治环节而发挥作用。

(1)灸材:纯艾炷、纯艾条段、药艾炷、药艾条段。

(2)药物配方与制备:①隔衬物:姜片、姜末、药膏、药饼;②药物配方与制备。

急性鼻窦炎配方:蔓荆子50 g,苍耳子45 g,辛夷45 g,白芷45 g,桑叶60 g,桔梗45 g。

用法1:上药研成细末,装瓶密封,备用。用时将药粉夹持在姜末的中层施灸。

用法2:将上述药物加水500 mL浸泡2 h,煎煮15 min,静置20 min,取上清液浸泡无菌纱布。施灸时挤出部分药液,使纱布呈半干半湿状态,平铺于鼻部,在纱布表面放置鼻灸器,行温和灸。

变态反应性鼻炎方:白芥子,味辛,性温,归肺、胃经,有温肺化痰、利气、散结消肿的功效。白芥子、延胡索、甘遂、细辛制粉,以生姜汁调敷大椎、双肺俞、双膏肓、膻中等穴,可治疗变态反应性鼻炎。将上述药物打粉后,放置于鼻灸器姜末的中层或表面施灸。

苍耳子散:用于治疗风热上攻引起的鼻渊、急慢性鼻炎、鼻窦炎及过敏性鼻炎。

本方出自《济生方·卷五》,其组成为:苍耳子10 g,辛夷10 g,白芷10 g,川芎10 g,黄芩10 g,薄荷10 g,川贝母(或浙贝母)10 g,淡豆豉10 g,菊花10 g,甘草10 g。

功效:疏风止痛、通利鼻窍。

主治:鼻渊,鼻流浊涕不止。原方用于治疗风邪上攻之鼻渊。临床上急慢性鼻炎、鼻窦炎及过敏性鼻炎等病,证属风邪所致者均可采用本方加减治疗。

加减:有黄脓涕者加金银花、生黄芪,煎药时放茶叶适量,葱白3根。

3.鼻灸法

鼻灸法1:温和鼻悬灸。

艾条或艾炷不与皮肤接触,利用艾热的热辐射熏灸鼻部皮肤的方法。

鼻灸法2:隔姜温和鼻灸。

以姜末为隔衬物,灸温适中,作用温和,患者自觉舒适。

鼻灸法3:隔物鼻灸。

以姜末配合其他药物作为隔衬物,或以药物浸泡后的纱布作为隔衬物。

（1）准备用物：鼻灸器1为隔物鼻灸法的温灸器。隔衬物可使用老姜（操作前将老姜切碎末备用）、精制艾绒适量（或制作成大小合适的艾炷备用）、药粉。

（2）操作步骤：患者平卧位，鼻部平铺一层纱布。鼻灸器放置到位后，将姜末平铺于鼻灸器内。药粉放置在姜末的中层或表面，姜末表面均匀放置艾炷，点燃艾炷。治疗过程中更换2次艾炷，保持灸温适当，避免过热、不及。

鼻灸时注意温度不可过高，尽量避免引起水泡。

四、耳灸器

耳灸是五官灸之一，是借助耳灸器在耳部施灸的温灸器灸法之一。耳灸器包括熏灸耳道的苇管灸器和吹灸仪，以及熏灸整个耳郭的耳灸器。

耳灸器1（图56）：坐位施灸，耳灸器固定在耳郭上，熏灸单耳或双耳。

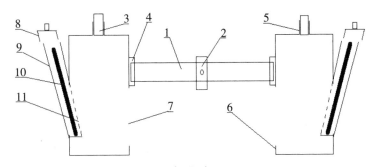

（a）耳灸器1侧面观

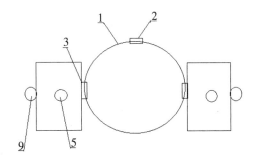

（b）耳灸器1俯视图

1.头部固定带；2.固定带卡扣；3.艾烟过滤芯；4.耳灸壳连接；5.艾烟出口；6.耳灸壳；7.耳灸壳开口；8.燃艾管封堵盖；9.燃艾管；10.艾条段；11.燃艾管透热孔。

图56　耳灸器1结构示意图

第二章　针灸器械

特点:熏灸全耳郭,患者坐位施灸,可单耳或双耳同时施灸,适用于细菌、病毒引起的耳郭感染、冻疮、疼痛。

耳灸器2(图57):患者侧卧位接受施灸,艾热向下辐射,单耳施灸。

特点:患者取侧卧位,耳灸器置于耳部上方,向下施灸,如同悬灸法。

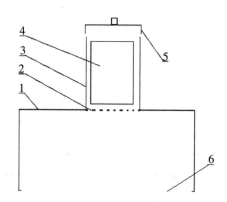

1.耳灸壳;2.透热孔;3.燃艾管;4.艾条段;5.燃艾管封堵盖;6.耳灸壳开口。

图57 耳灸器2侧面观

耳灸器3(图58):耳灸器在头部的下方,患者侧卧位接受施灸,艾热向上辐射。

特点:患者侧卧位,耳灸器置于耳部下方,艾烟、艾热向上熏灸耳郭及耳内,用于治疗耳郭及耳内疾病。

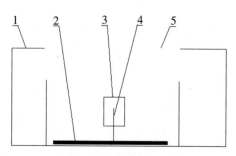

1.枕式耳灸器外壳;2.燃艾托盘;3.艾条段;4.燃艾针;5.耳灸壳开口。

图58 耳灸器3侧面观

第九节　辅助性温灸器

一、艾烟净化器

1.发明目的及优点

本发明的目的是针对现有的艾灸器只能排烟、不能消烟等不足,提供一种能净化艾灸治疗过程中艾条产生的烟尘的净化器。

与现有技术相比,本发明具有以下明显优点:本艾烟净化器能最大限度地消除艾灸中产生的烟尘,从而进一步增强艾灸的治疗效果,也方便艾灸医疗技术的推广,适于现有针灸科开放式治疗,也适于与其他艾灸治疗器相结合,治疗与净化可同时进行。

2.结构及说明(图59)

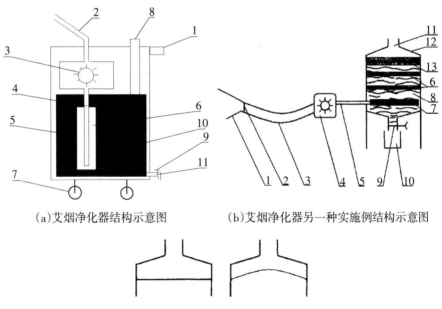

(a)艾烟净化器结构示意图　　(b)艾烟净化器另一种实施例结构示意图

(c)艾烟净化器烟尘吸口的两种结构示意图

1.半鸭嘴形吸头;2.活动挡板;3.软管;4.风扇;5.进气管;6.滤网层;7.进气滤头;8.净化液;9.排液阀门;10.集液瓶;11.排气孔;12.外壳;13.活性炭过滤层。

图59　艾烟净化器

3.具体实施方式

以下结合图59说明和具体实施方式对本发明做进一步的详细描述:

图59(a)或图59(b)所示的艾烟净化器,包括烟尘吸口、软管3、净化器主体和排气孔11等,净化器主体设置为外壳12围成的内室和内部装有的净化液8;烟尘吸口通过软管3连接设置风扇4,并进一步连接设置进气管5和深入到净化液8深处的进气滤头7;在外壳12的底端设置排液阀门9,排液阀门9的下端还设置集液瓶10;排气孔11设置在外壳12的顶端。

外壳12围成的内室顶端靠近排气孔11处还设置活性炭过滤层13,活性炭过滤层13可以设置为多层,并能进行快速更换。

进气滤头7上方外围,没入净化液8液面下设置滤网层6。滤网层6设置为1~5层,可以设置成图59(a)所示的四方形,并将进气滤头7包在其中,也可以设置成图59(b)所示的平面形,两种设置方式的滤网层都能进行快速更换。

烟尘吸口设置为半鸭嘴形吸头1,在靠近进气口的位置还设置过滤网,可进行快速更换。烟尘吸口和软管3的连接处设置活动挡板2。这样在吸烟时能自动打开,而吸烟之后又能防止烟气倒流。

烟尘吸口和软管3均设置为1~6个,通过共用的风扇4和进气管5,连接进气滤头7。或者烟尘吸口、软管3、风扇4和进气管5均设置为1~6个,分别连接进气滤头7。这两种设置方式能将多个艾灸器产生的艾烟集中于一处统一进行净化处理。

如图59(c)所示,烟尘吸口设置为倒置的漏斗形状,在靠近进气口的位置还设置过滤网,过滤网能进行快速更换。这种倒置的漏斗形状烟尘吸口最好设置为塑料透明罩,在针灸理疗科进行灸疗或温针灸时,此罩适于不同部位的治疗,能聚集艾烟,有利于侧吸式艾烟净化器充分收集艾烟,也便于观察施灸状况。

二、艾烟处理车

1.发明目的及优点

艾灸治疗过程中产生的艾烟可以起治疗作用,但治疗后艾烟散发到空气中会污染空气,对患者、医生造成损伤。北京中医药大学赵百孝教授所做的研究"艾灸场所空气质量标准制订的要素研究"是"国家重点基础研究发展计划"(973计划)课题"艾蒿与艾灸生成物的成分及其效应机制和安全性评价研究"(课题编号：2009CB522906)的一部分。

实验内容：3年3∶1艾条(简称为"A")，10年3∶1艾条(简称为"B")，3年15∶1艾条(简称为"C")。每个样品各取3份，每份4 g。监测艾条燃烧前后室内空气中CO、CO_2、NO_2、SO_2的浓度，同时监测PM10的浓度。

实验结果：①本实验室中燃烧4 g各类艾条，所产生的CO浓度均略低于国家标准，试验前为0.5 mg/m³，试验后为8.8 mg/m³，国家标准为10 mg/m³。②本实验室中燃烧4 g各类艾条，所产生的CO_2浓度均略高于国家标准，试验前为0.074 4%，试验后为0.138 4%，国家标准为0.1%。③本试验前后均未检测出SO_2，而本检测方法能够检测的最低值为0.007 mg/m³。故燃烧4 g各类艾条，所产生的SO_2浓度均远低于国家标准0.5 mg/m³。④本实验室中燃烧4 g各类艾条，所产生的NO_2浓度均低于国家标准，且燃烧后其浓度降低，试验前平均值为0.023 4 mg/m³，试验后平均值为0.010 6 mg/m³，国家标准为0.24 mg/m³。⑤本实验室中燃烧4 g各类艾条，所产生的PM10浓度均远高于国家标准，试验前为0.08 mg/m³，试验后为2.79 mg/m³，国家标准为0.15 mg/m³。

CO纯品为无色、无臭、无刺激性的气体。CO的自燃点(指在规定的条件下，可燃物质发生自燃的最低温度)为608.89℃。空气混合爆炸极限为12%~75%，遇热、明火易燃烧爆炸。毒性分级为剧毒，因其为无色、无臭、无味的气体，故易被忽略而致中毒，也是引起中毒性死亡的最常见窒息性气体。

CO_2是空气中常见的化合物，为无色无味的气体，密度比空气大，能溶于水及烃类等有机溶剂。不支持燃烧，与水反应生成碳酸。CO_2被认为是加剧温室效应的主要物质。

本发明是针对艾灸治疗时艾烟散发到空气中污染空气的问题，针对艾烟质轻和艾烟成分中CO可燃、CO_2可溶于水、灰渣可与水混合，以及艾烟的其他成分可燃、可溶于水的特点，提供一种可移动的、净化艾烟的处理车。

与现有技术相比，本发明具有以下优点：①本艾烟净化车操作方便，既可直接收集散发到空气中的艾烟，也可与其他艾灸器械结合使用；②本发明采用的处理燃烟的方式与传统的不同，对艾烟中不溶于水的CO及其他挥发油成分再燃烧变成可溶于水的CO_2或混合物处理效率有所提高。

2.结构及说明(图60)

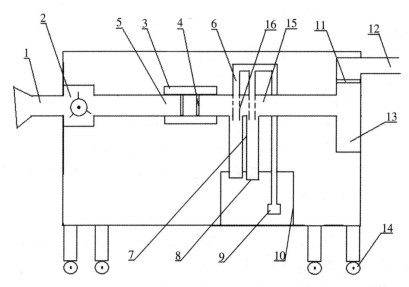

1.集烟管;2.风扇;3.隔热层;4.电热管;5.燃烟管;6.喷水管;7.接水管;8.水滤网;9.水泵;10.水箱;11.过滤层;12.排气管;13.污水桶;14.车轮;15.湿化管;16.喷水孔。

图60　艾烟处理车结构示意图

3.具体实施方式

以下结合图60说明和具体实施方式对本发明做进一步的详细描述:

如图60所示的艾烟处理车包括收集艾烟的集烟管、再燃烧艾烟的燃烟管和电热管、湿化艾烟的湿化管和喷水管,以及收集烟水废物的污水桶和排气管等部分。其特征在于:风扇2设置集烟管1和燃烟管5,具有收集艾烟和推送艾烟的作用;燃烟管5内部设置燃烧艾烟的电热管,外部设置隔热层3;湿化管15设置喷水管6和接水管7,经电热管燃烧的高温艾烟与喷水管喷出的水混合;水箱10内部设置水泵9和接水管7;接水管7上端与湿化管15相连,下端设置水滤网8,其与水箱10相连;污水桶13设置过滤层11和排气管12,接受、过滤湿化管15通过的烟水混合物,过滤后的气体由排气管12排出;艾烟处理车底部设置车轮14。

电热管4设置1~5排,每排1~5根,间距1~3 cm。

喷水管6设置1~5排,每排1~5根,间距1~3 cm,喷水管在湿化管15的部分设置喷水孔16。

接水管7设置1~5排,每排1~5根,间距1~3 cm,内径大于喷水管6的直径。

三、艾烟处理系统

1.发明目的及优点

艾灸治疗过程中的艾烟,虽能起治疗作用,但治疗后艾烟散发到空气中会污染空气,从而对患者、医生造成困扰。

针灸治疗室内艾烟的主要成分包括挥发性成分、重组分和灰渣。现代研究表明,每克艾叶燃烧可获得挥发性成分0.022 g、重组分0.29 g、灰渣0.091 g。在针灸治疗室,每位患者使用灸盒灸大约需要1支艾条(直径18 mm,长度200 mm,重20 g),传统的铺灸疗法每次治疗大约需要10支艾条(重200 g),因此,每位患者使用灸盒灸时大约释放出挥发性成分0.44 g、重组分5.8 g、灰渣1.82 g,而传统的铺灸疗法每次治疗大约释放出挥发性成分4.4 g、重组分58 g、灰渣18.2 g。按照针灸医师每天为10~30位患者进行灸法治疗计算,每天产生的艾烟量为该数据的10~30倍。

本发明是针对艾灸治疗时艾烟散发到空气中污染空气的问题,针对艾烟质轻和艾烟成分中CO可燃、CO_2可溶于水、灰渣可与水混合,以及艾烟其他成分可燃、可与水溶的特点,提供一种可同时处理大量艾烟的处理系统。

与现有技术相比,本发明具有以下优点:①操作方便,既可直接收集散发到空气中的艾烟,也可与其他艾灸器械结合使用;②本发明采用的燃烟方式与传统不同,对艾烟中不溶于水的CO及其他挥发油成分再燃烧变成可溶于水的CO_2或混合物处理效率有所提高。

2.结构及说明(图61)

3.具体的实施方式

以下结合图61说明和具体实施方式对本发明做进一步的详细描述:

图61所示的艾烟处理系统包括收集艾烟的聚烟罩、集烟管、风扇,再燃烧艾烟的燃烟管和电热管,湿化艾烟的湿化管、喷水管,以及收集烟水废物的污水桶和排气管等部分。其特征在于:集烟管1设置风扇2和聚烟罩15;燃烟管5内部设置燃烧艾烟的电热管,外部设置隔热层3,其前端与风扇2相连;湿化管道8内部设置喷水管6和进水管14,经电热管燃烧的高温艾烟与喷水管喷出的水相混合;水箱9内部设置水泵10和进水管14,水箱9设置在

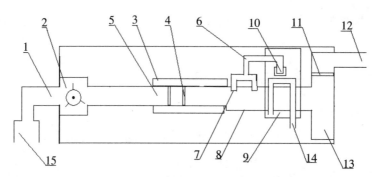

1.集烟管；2.风扇；3.隔热层；4.电热管；5.燃烟管；6.喷水管；7.多孔喷头；8.湿化管道；9.水箱；10.水泵；11.过滤网；12.排气管；13.污水桶；14.进水管；15.聚烟罩。

图61　艾烟处理系统结构示意图

湿化管道8外部上方；进水管14设置在湿化管道8内部，开口在水箱9处；喷水管6末端设置多孔喷头7，开口在湿化管道8内部上方；污水桶13设置过滤网11和排气管12，接受、过滤湿化管道8通过的烟水混合物，过滤后的气体由排气管12排出。

电热管4设置1~5排，每排1~8根，间距1~3 cm。

喷水管6设置1~8根，间距1~3 cm，喷水管设置多孔喷头7。

本发明"艾烟处理系统"是在已申请专利"侧吸式艾烟净化器""艾烟净化车"技术基础上的发展创新，提供了一种新的艾烟处理系统。

四、通脉温阳灸艾烟处理器

1.发明目的及优点

艾灸治疗过程中的艾烟，虽能起治疗作用，但治疗后艾烟散发到空气中会污染空气，也会对患者、医生造成损伤。

本发明是针对艾灸治疗时艾烟散发到空气中污染空气的问题，针对艾烟质轻、上浮的特点，提供了一种可移动的、能排除艾烟的通脉温阳灸艾烟处理器。

与现有技术相比，本发明具有以下优点：①通脉温阳灸艾烟处理器操作方便，既可用于治疗时排除艾烟，也可在其他艾灸治疗时使用；②本处理器可同时连接1~4台通脉温阳灸治疗器，艾烟处理效率大大提高；③本发明在临床应用多年，艾烟处理效果理想，适于广泛推广应用。

2.结构及说明(图62)

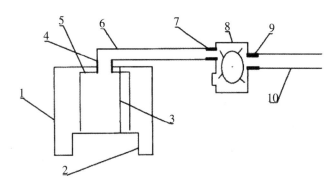

1.保温罩;2.保温罩凹形边;3.保温罩折叠缝;4.聚烟罩接口;5.聚烟罩;6.铝箔进烟
伸缩管;7.进烟伸缩管接头;8.风扇;9.出烟伸缩管接头;10.铝箔出烟伸缩管。

图62　通脉温阳灸艾烟处理器结构示意图

3.具体实施方式

以下结合图62说明和具体实施方式对本发明做进一步的详细描述:

图62所示的通脉温阳灸艾烟处理器包括保温罩、聚烟罩、风扇、铝箔进烟伸缩管、铝箔出烟伸缩管等部分。其特征在于:保温罩1设置保温罩凹形边2和保温罩折叠缝3,具有保温、查看艾灸治疗情况和遮掩患者身体的作用;聚烟罩5上端设置聚烟罩接口,与铝箔进烟伸缩管6相连;铝箔进烟伸缩管6两端分别与聚烟罩接口4和进烟伸缩管接头7相连;风扇设置1~4个进烟伸缩管接头7和1个出烟伸缩管接头9;铝箔出烟伸缩管10一端与出烟伸缩管接头9相连,排出艾烟。

保温罩1设置为上下两端开口的长方体,上端开口有聚烟罩接口4穿过,下端前后两边为凹形边,前面设置可以打开的保温罩折叠缝3。

铝箔进烟伸缩管6和铝箔出烟伸缩管10设置1~4根,内层采用薄壁铝管,外层采用铝箔。

五、艾条炭化管

1.发明目的及优点

艾绒是艾灸的主要原料,气味芳香,极易燃烧,且燃烧时发出的热力温和。艾烟对人体能起治疗作用,但治疗后艾烟释放到空气中会污染环境。

本发明主要是针对艾灸治疗后释放艾烟污染环境问题设计的一种艾条

炭化管。

与现有技术相比,本发明具有以下优点:①艾条炭棒不添加其他赋形剂,保持了艾条的药力、热力;②艾条炭棒制作过程清洁,无污染;③艾条炭化管安全性高,是艾灸环保治疗的辅助设备。

2.结构及说明(图63)

3.具体实施方式

以下结合图63说明和具体实施方式对本发明做进一步的详细描述:

图63(a)、图63(b)所示的艾条炭化管,包括底座1、加热电圈2、炭化管3、艾烟油收集管5等结构。其特征在于:底座1与炭化管3设置为一体化结构,炭化管3下面设置艾烟油收集管5,艾烟油流入艾烟油收集杯6储存;加热电圈2为一倒置的杯状结构,笼罩在炭化管3上方;炭化管上盖4用于封堵炭化管3上口。

炭化管3设置为4~10支,高度与艾条长度相当。相应地,艾烟油收集管5和艾烟油收集杯6也设置为4~10支。

加热电圈2为加热设备,电热丝周围设置绝缘装置。

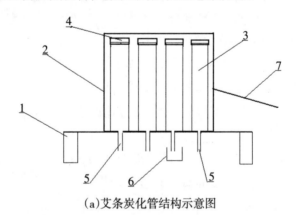

(a)艾条炭化管结构示意图

(b)艾条炭化管上面观

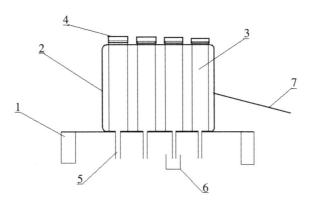

（c）艾条炭化管另一种实施例结构示意图

1.底座；2.加热电圈；3.炭化管；4.炭化管上盖；5.艾烟油收集管；6.艾烟油收集杯；
7.加热电圈电线。

图63 艾条炭化管

图63（c）为本发明另一实施例的结构：加热电圈2为一环状结构，其余结构与图63（a）相同。

使用方法：将艾条放入炭化管，加热电圈加热炭化管与艾条，艾条释放出艾烟油，艾烟油顺着艾烟油收集管流入艾烟油收集杯，艾条炭棒制作完成。

六、艾条点火炉

1.发明目的及优点

本发明主要是针对以大量艾条为灸材、艾条同时点燃费时的问题设计的一种艾条点火炉。

与现有技术相比，本发明具有以下优点：①艾条点火炉可以同时点燃2~36根艾条，提高了艾灸的效率；②既可点燃整根艾条，也可点燃艾条段；③艾条点火炉安全性高，是艾灸治疗的辅助性设备。

2.结构及说明（图64）

3.具体实施方式

以下结合图64说明和具体实施方式对本发明做进一步的详细描述：

如图64所示的艾条点火炉，其特征在于：插艾管2与底盘1设置为一体化结构，插艾管2相互之间设置插艾管连接4；底盘1设置底盘孔3和底盘固定钩5，底盘孔3位于插艾管2中间；电炉底座8设置绝缘炉盘7和电热丝6。

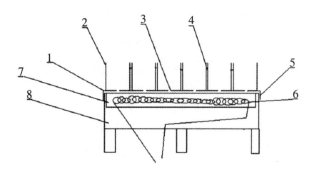

(a)艾条点火炉结构示意图

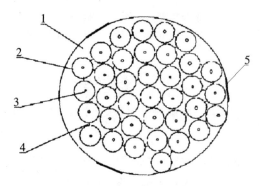

(b)艾条点火炉上面观

1.底盘;2.插艾管;3.底盘孔;4.插艾管连接;5.底盘固定钩;6.电热丝;7.绝缘炉盘;
8.电炉底座。

图64　艾条点火炉

插艾管2设置为15~36支,高1.6~2.5 cm,直径2.0~2.6 cm。

使用方法:先通电将底盘1加热,再将艾条放入插艾管2,艾条点燃即可使用。

第十节　芒针及储针钳

一、贺氏芒针

芒针是一种特制的长针,一般用较细而富有弹性的不锈钢丝制成,因其形状细长如麦芒,故称之为芒针。它是由古代九针之一的"长针"发展而来的,《灵枢·九针十二原》中曰:"……八曰长针,长七寸……可以取远痹。"其长度分5寸(约16.7 cm)、7寸(约23.3 cm)、10寸(约33.3 cm)、15寸(约50.0 cm)等数种。

芒针多用于深刺和沿皮下横刺法,因针体长、刺入深,因而特别适于可以深刺的疾病,如神经系统疾病中的神经根炎、多发性末梢神经炎、瘫痪、肠胃疾病,以及运动系统、妇科等方面的疾患。传统芒针针柄与针身在一条直线上,沿皮下行横刺法时不易施行提插手法,这种芒针结构的缺点限制了芒针疗法的推广应用。

1.发明目的及优点

本发明的目的是解决传统芒针行皮下横刺法时不易施行提插手法的问题。

与现有技术相比,本发明具有以下优点:①针柄与针身呈"Z"字形,沿皮下行横刺法时容易施行提插手法;②较细的芒针多用于深刺或透穴,较粗的芒针可用于剥离、松解组织粘连。

2.结构及说明(图65)

3.具体实施方式

以下结合图65说明和具体实施方式对本发明做进一步的详细描述:

图65所示的贺氏芒针,由针尖1、针身2、翼状针根3、"Z"字形针柄4四部分组成。其特征在于:针身2设置为细长圆柱状,采用钨钢制造;针尖1设置为钝圆状,尖而不锐,避免刺伤血管;针柄设置为"Z"字形,针柄前端与翼状针根3垂直;翼状针根3设置为0.5 cm×1.5 cm大小的平板状,留针时针柄与皮肤基本平行。

针身2直径分别为0.35 mm、0.5 mm、0.7 mm、0.9 mm、1.1 mm,长度分别为100 mm、125 mm、150 mm、200 mm、250 mm。

"Z"字形针柄4后部设置为直径25 mm、长70 mm的圆管。

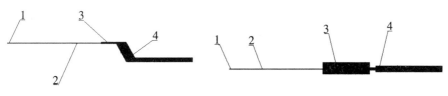

(a)贺氏芒针结构示意图　　　　　(b)贺氏芒针上面观

1.针尖;2.针身;3.翼状针根;4."Z"字形针柄。

图65　贺氏芒针

贺氏芒针的特点为:针柄与针身呈"Z"字形,沿皮下横刺时容易施行提插手法。根据针的粗细、长短不同,芒针用途各异。较细的芒针用于深刺或透穴,较粗的芒针用于剥离、松解组织粘连,有小针刀之功用。芒针由耐火的钨钢制成,亦可作为火针使用。

二、储针钳

1.发明目的及优点

本发明的目的是针对针灸治疗时,医生一手拿夹持酒精棉球的夹钳和长短不同的针灸针,另一手持针扎针时针具易被污染,同时也可能刺伤自己,提供了一种解决上述问题的储针钳。

与现有技术相比,本发明具有以下优点:①储针钳将储针管和夹钳设计在一起,使医生针刺时方便操作,也能避免医生被毫针刺伤;②储针钳操作方便,安全可靠,为针灸医生工作时提供了一种方便的工具。

2.结构及说明(图66)

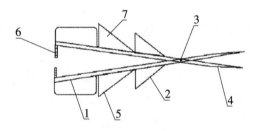

(a)储针钳结构示意图

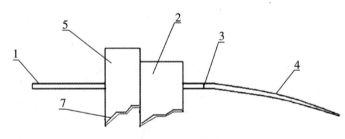

(b)储针钳侧面观

1.环形把手;2.短针管;3.中轴;4.弧形前臂;5.长针管;6.齿槽连接;7.软垫。

图66 储针钳

3.具体实施方式

以下结合图66说明和具体实施方式对本发明做进一步的详细描述：

图66所示的储针钳，其特征在于：环形把手1设置在储针钳的后端，储针钳后端的内侧设置齿槽连接6，环形把手1和中轴3之间设置长针管5、短针管2，长针管5和短针管2的底部设置一层软垫7，前臂4设置为弧形。

长针管5和短针管2的横截面设置为三角形，靠近弧形前臂4方向的长针管5和短针管2的管口角度设置为10°~30°的锐角。

长针管5和短针管2的底设置在同一水平面，管底呈阶梯状、25°~45°向前倾斜。

储针钳的使用方法：储针钳每日常规消毒，将一次性消毒针根据长短分别放入长针管和短针管；由于管底呈阶梯状向前倾斜，因此毫针高低不齐，同时针管与皮肤的夹角呈10°~30°，故管口边缘只有一根针高出其他针；储针钳前臂夹持消毒棉球，齿槽连接固定使其不松动，从而取针、消毒均较为方便。

第三章　温灸器灸法

一、吹灸疗法

借助吹灸仪操作、具有温泻作用的温灸器灸法被称为吹灸疗法。

1.吹灸疗法的技术发展经历了三个发展阶段

第一阶段:用嘴吹的时代,持续近2 000年的时间。

吹灸疗法首见于《灵枢·背俞》书中的记载:"以火泻者,疾吹其火,传其艾,须其火灭也。"由此可以看出,艾灸操作,自然燃烧为"火补";用嘴吹气,可以加速艾炷燃烧,具有"火泻"的作用,即吹灸疗法。其后孙思邈、杨继洲等中医针灸名家继承延续了《内经》中的"吹灸疗法"。但是由于受操作技术的限制,吹灸疗法在近2 000年的历史过程中发展缓慢,其传承方式主要为家传、师承、私淑。

第二阶段:周楣声教授对吹灸疗法的贡献。

全国首批名老中医周楣声教授改革了传统的以嘴吹气的操作方法,发明了热气流喷灸仪、艾电联合吹灸器,首次为吹灸疗法命名,代替了人工操作,解放了人力。周老所研制的喷灸仪由药汽发生器、压缩风泵、药饼、不同形状的喷头四部分组成,采用电加热的方式,以四种配方的药饼为灸材,治疗陈年痼证,如各种痞块、瘰疬阴疽、恶疮瘘孔、心腹冷痛、寒痰久喘、吞酸反胃、心阳不振、下元亏损、腰腿乏力、易劳多汗,以及遗精早泄与阳痿诸症。通过特制的喷头,吹灸疗法既可施治常规部位,又可施治特殊部位,如耳灸、肛灸、阴道灸。在使用灸架灸和喷灸仪治疗时,周楣声教授发现并总结了"灸感三相"。

第三阶段:以艾条为灸材的艾条吹灸仪。

多功能艾条吹灸仪是在喷灸仪的基础上发明出的一种吹灸仪,以清艾条或药艾条为灸材。后来,临床工作人员设计制作了台式吹灸仪、手持式吹灸仪、支架式吹灸仪、无烟药豆吹灸仪、分体式吹灸仪治疗头,这些仪器均有灸法温泻、温通的作用,可以在腧穴和体表经络循行线施灸,临床用于治疗热证、实证,以及某些特殊部位如耳道、肛肠、阴道等疾病。

2.吹灸疗法的操作

艾灸补泻作用与艾灸操作方法及十二经脉循行方向关系密切。《灵枢·背腧》中记载灸法的补泻作用是通过艾灸操作实现的,如吹灸疗法是一种具有"火泻"作用的灸法。《内经》和《难经》同时记载了根据营卫之气循行往来顺序确定针灸补泻的方法,即迎随补泻法。《灵枢·小针解》中曰:"迎而夺之者泻也,追而济之者补也。"《难经·七十二难》中云:"所谓迎随者知荣卫之流行,经脉之往来也。随其逆顺而取之,故曰迎随。"如使用手持式吹灸仪逆营卫之气循行方向施灸为泻,顺营卫之气循行方向施灸为补泻兼施。

二、按摩灸

1.按摩灸概述

按摩灸是指借助按摩灸治疗器,将传统的灸法与按、压、摩、擦、推、揉、击等按摩手法有机地结合在一起的一种温灸器灸法。

(1)按摩灸的来源、特点、功用、临床应用范围

按摩灸起源于明初的朱权《寿域神方·卷三》艾卷灸,书中详述了艾卷的操作方法,隔纸点穴,用力按压,热透传腹,"用纸实卷艾,以纸隔之点穴,于隔纸上用力实按之,待腹内觉热,汗出即瘥"。明代另一位医家李时珍在《本草纲目》中记载了雷火针的用法:"雷火神针法,以厚纸裁成条,铺药艾于内,紧卷如指大,长三四寸,收贮瓶内,埋地中七七日,取出。用时于灯上点着,吹灭,隔纸十层,乘热针于患处,热气直入病处。"明朝另一本针灸著作《针灸大成》也详细记载了雷火针的操作方法:"按定痛穴,笔点记,外用纸六七层隔穴,将卷艾药,名雷火针也。取太阳真火,用圆珠火镜皆可,燃红按穴上,良久取起,剪取灰,再烧再按,九次即愈。"在明朝的文献中,从纯艾条到加入药物的雷火针,治疗操作方法即是按压与艾灸两种方法的结合。清朝出现的太乙神针也是药艾条,多以按压手法进行治疗。

按摩灸治疗器分类:柱状按摩灸治疗器、盘状按摩灸治疗器。

1)柱状按摩灸治疗器:呈长柱状,与皮肤接触的治疗面较窄,适用于垂直用力的按摩灸手法,如揉灸法、按灸法、压灸法、击灸法。

2)盘状按摩灸治疗器:呈圆盘状,与皮肤接触的治疗面较大,适用于在水平面上操作的按摩灸手法,如摩灸法、推灸法、擦灸法。

按摩灸特点:使用按摩灸治疗器作为操作器具,将按摩手法中的揉法、按法、摩法、压法、推法、擦法、击法等与艾灸疗法结合,形成了揉灸法、按灸法、摩灸法、压灸法、推灸法、擦灸法、击灸法等温灸器灸法。

按摩灸功用和适应证:按摩灸具有按摩、艾灸、中药外用三者共同的特点,有疏通经络、温阳散寒、扶正祛邪的功效,可以治疗风寒湿痹证和跌打损伤所致的疼痛,以及神经损伤引起的肢体麻木、运动功能丧失。按摩灸根据艾条中所加药物的不同作用略有差异,太乙神针和雷火神针均可用于治疗风寒湿痹、肢体顽麻、痿弱无力、半身不遂等证。

(2)准备物品

按摩灸治疗器2个,普通艾条或药物艾条1支,弯盘、血管钳1个,打火机,75%酒精棉球,95%酒精棉球,无菌纱布。

2.揉灸法

揉灸法是利用柱状按摩灸治疗器的治疗部分,治疗时,治疗器着力于人体一定部位,做圆形或螺旋形揉动,以带动该处皮下组织随治疗器的揉动而滑动的手法。

揉灸法具有加速局部血液循环,改善局部组织新陈代谢,活血散瘀,缓解痉挛,软化瘢痕,缓和强手法刺激,减轻疼痛等作用。

该法多用于腰背部和肌肉肥厚部位。

操作步骤:

(1)以75%酒精棉球对治疗部位进行常规消毒。血管钳夹持95%酒精棉球点燃后,将艾条的一段点燃,待艾条充分燃烧后放入柱状按摩灸治疗器。棉球熄灭后放入弯盘。

(2)将无菌纱布平铺于待治疗部位。右手抓握按摩灸治疗器中部,手臂自然下垂,将柱状按摩灸治疗器的治疗端着力于皮肤上。

(3)在治疗部位做圆形或螺旋形揉动,以带动该处的皮下组织随手指或手掌的揉动而滑动。

动作要领:

揉动时按摩灸治疗器的治疗部分要紧贴皮肤,不要在皮肤上摩动。手腕放松,以腕关节连同前臂或整个手臂做小幅度的回旋活动,不要过分牵扯周围皮肤。

3.按灸法

按灸法是用柱状按摩灸治疗器的治疗部分着力,由轻到重地逐渐用力按压在被按摩的部位或穴位上,停留约30 s,再由重到轻地缓缓放松的手法。

按灸法具有舒筋活络、放松肌肉、消除疲劳、活血止痛、整形复位等作用,临床上常与揉灸法相结合,组成"按揉"复合手法,以提高按摩效果,也可以缓解用力按压给患者带来的不适感。

多用于腰背部、肩部及四肢肌肉僵硬或发紧的部位。

操作步骤:

(1)以75%酒精棉球对治疗部位进行常规消毒。血管钳夹持95%酒精棉球点燃后,将艾条的一段点燃。艾条充分燃烧后放入柱状按摩灸治疗器。棉球熄灭后放入弯盘。

(2)将无菌纱布平铺于待治疗部位。右手抓握柱状按摩灸治疗器的中部,手臂自然下垂,将柱状按摩灸治疗器的治疗部分着力于皮肤上。

(3)由轻到重地逐渐用力按压在被按摩的部位或穴位上,停留30 s左右,再由重到轻地缓缓放松。反复操作数次。

动作要领:

(1)柱状按摩灸治疗器的治疗部位要紧贴体表,不可移动,操作时用力方向要与体表垂直,力度由轻逐渐加重,稳而持续,使力量到达组织深处。

(2)按压穴位要准确,用力大小以患者有酸、胀、热、麻等感觉为度。

4.压灸法

压灸法是以柱状按摩灸治疗器的治疗头为着力点,按压体表治疗部位的手法。

该法具有压力大、刺激性强的特点,有舒筋通络、解痉止痛的作用。

压灸法仅适用于腰臀肌肉发达厚实的部位,主要用于治疗腰背部顽固性疼痛。

压灸法操作时向下按压的力量比按灸法重。

操作步骤:

(1)以75%酒精棉球对治疗部位进行常规消毒。血管钳夹持95%酒精棉球点燃后,将艾条的一段点燃。艾条充分燃烧后放入柱状按摩灸治疗器。棉球熄灭后放入弯盘。

（2）将无菌纱布平铺于待治疗部位。双手抓握柱状按摩灸治疗器的中部，手臂自然下垂，术者以柱状按摩灸治疗器的治疗头为着力点，压在体表治疗部位。

（3）双手缓慢向下按压，按压力量逐渐加重，以患者能忍受为度。停留数秒，再逐渐减轻按压的力度。按照下压、放松、下压的手法反复操作数次。

动作要领：

按压力量要平稳缓和，不可使用暴力，以患者能忍受为度。

5.拍击灸法

拍击灸法是用柱状按摩灸治疗器拍击患者体表治疗部位的手法。

柱状按摩灸治疗器，适用于缓缓的拍击灸，用力较轻，频率较低，能抑制神经肌肉兴奋。叩击灸用力较重，频率较高，可兴奋神经肌肉。

拍打是主要的操作手法，适用于面积较大的治疗部位。

拍击灸法具有促进血液循环、舒展肌筋、消除疲劳、调节神经肌肉兴奋性的作用，多用于肩背、腰臀及四肢等肌肉肥厚处。

操作步骤：

（1）以75%酒精棉球对治疗部位进行常规消毒。血管钳夹持95%酒精棉球点燃后，将艾条的一段点燃。艾条充分燃烧后放入柱状按摩灸治疗器。棉球熄灭后放入弯盘。

（2）拍击灸用力较轻，右手持柱状按摩灸治疗器，垂直用力拍击治疗部位，用力较轻，频率较低，能抑制神经肌肉兴奋。

拍击灸动作要领：拍打时，肩、肘、腕放松，以手腕发力，着力轻巧而有弹性，动作协调灵活，频率均匀。

（3）叩击灸用力较重，右手持柱状按摩灸治疗器，垂直用力叩击治疗部位，频率较高，可兴奋神经肌肉。

叩击灸动作要领：肩、肘、腕放松，以肘为支点进行发力，柱状按摩灸治疗器快速冲击皮肤，一触即离。要求动作协调、连续、灵活。

6.摩灸法

摩灸法是将盘状按摩灸治疗器的治疗部分附着于被按摩的部位，以腕部连同前臂做缓和而有节奏的环形抚摩活动的手法。

摩灸法具有和中理气、消积导滞、调节肠胃蠕动、活血散瘀、镇静、解痉、止痛等作用。

相比于其他按摩灸手法,摩灸法动作轻柔、缓和,多用于治疗疼痛性疾病,常用于按摩灸手法的开始,以减轻患者疼痛或不适;也常配合揉灸法、推灸法、按灸法等手法,治疗脘腹胀痛、消化不良、痛经等病证。

操作步骤:

(1)以75%酒精棉球对治疗部位进行常规消毒。血管钳夹持95%酒精棉球点燃后,将艾条的一段点燃。艾条充分燃烧后放入盘状按摩灸治疗器。棉球熄灭后放入弯盘。

(2)将无菌纱布平铺于待治疗部位,左手轻轻按压纱布一边并固定,右手抓握柱状按摩灸治疗器的把手,手臂自然下垂,肘关节微屈,腕关节放松,将盘状按摩灸治疗器轻轻地放在体表治疗部位。

(3)腕部连同前臂带动按摩灸治疗器在皮肤上做缓和协调的环旋移动。

动作要领:

(1)沿顺时针或逆时针方向均匀、连贯地操作。

(2)频率为每分钟30~60次。

(3)用力不可太重。

7.推灸法

推灸法是将盘状按摩灸治疗器的治疗部分着力于治疗部位上进行单方向直线推动的手法。

推灸法根据用力的轻重分为轻推法和重推法,操作时沿着肌纤维方向或经络的体表循行方向推行。

轻推法具有镇静止痛、缓和不适等作用,多用于按摩的开始和结束,或插用于其他手法之间。

重推法具有疏通经络、理筋整复、活血散瘀、缓解痉挛、加速静脉血和淋巴液回流等作用,可用于按摩灸治疗的中间阶段。

操作步骤:

(1)以75%酒精棉球对治疗部位进行常规消毒。血管钳夹持95%酒精棉球点燃后,将艾条的一段点燃。艾条充分燃烧后放入盘状按摩灸治疗器。棉球熄灭后放入弯盘。

(2)将无菌纱布平铺于待治疗部位,左手轻轻按压纱布一边并固定,右手抓握盘状按摩灸治疗器的把手,手臂自然下垂,将按摩灸治疗器着力于体表治疗部位。

（3）在治疗的开始和快要结束时使用轻推法，可以起到放松作用。治疗的中间阶段可选用重推法。在不同的治疗阶段，选定力度后进行单方向的直线推动，通常是沿着肌纤维走行的方向或经络在体表循行的方向推行，推3~5次。

动作要领：

（1）轻推法用的力较轻，重推法用的力较重。

（2）手持盘状按摩灸治疗器时，在单方向前推的同时向下加压。

（3）按摩灸治疗器的着力部分要紧贴皮肤。

（4）用力要稳，推进应缓慢而均匀，不可硬压，以免损伤皮肤。

8. 擦灸法

擦灸法是用盘状按摩灸治疗器的治疗头紧贴皮肤做来回直线摩动的手法。

擦灸法具有温经通络、行气活血、镇静止痛等作用，能提高皮肤温度，增强关节韧带的柔韧性。

依据按压力度的轻重分为轻擦法和重擦法。

轻擦法多用于按摩开始和结束阶段，以减轻患者疼痛或不适感。

重擦法多用于其他手法之间或治疗的中间阶段，以缓解肌肉紧张。

操作步骤：

（1）以75%酒精棉球对治疗部位进行常规消毒。血管钳夹持95%酒精棉球点燃后，将艾条的一段点燃。艾条充分燃烧后放入盘状按摩灸治疗器。棉球熄灭后放入弯盘。

（2）将无菌纱布平铺于待治疗部位，左手轻轻按压纱布一边并固定，右手抓握盘状按摩灸治疗器的把手，手臂自然下垂，将按摩灸治疗器的治疗头着力于体表治疗部位。

（3）在治疗的开始和快要结束阶段使用轻擦法，可以起到放松的作用。在治疗的中间阶段可选用重擦法。不同的治疗阶段需要根据力量大小选择轻重不同的手法做来回的直线摩动。通常沿着肌纤维走行的方向或经络在体表循行的方向擦3~5次。

动作要领：

（1）按摩灸治疗器向下的压力要均匀、适中。

（2）操作时腕关节要伸直，前臂与手接近在同一水平，以肩关节为支点，带动按摩灸治疗器的治疗头做前后或左右直线往返擦动，不可歪斜。以不使皮肤出现褶皱为宜。

（3）擦灸法的速度一般较快，往返擦动的距离要长，动作要连贯、力度要均匀，但不宜久擦，以局部皮肤充血潮红为度，防止擦损皮肤。

9.罐灸法

罐灸是拔罐疗法与灸法的一种结合，是以罐灸器为施灸器具的温灸器灸法。目前，以罐灸器为温灸器施灸的方法逐渐完善，罐灸法的器械、操作方法、适应证明确。罐灸主要在躯干部位施灸，以腹部为多见，可以改善人体腹腔内环境，扶正祛邪，调节人体的寒热虚实，从而调理由于寒、湿、热引起的肥胖症、三高症、男性前列腺疾病、女性生殖系统疾病等。

罐灸治疗器包括以砭石粉为主要原料的灸罐和以透明玻璃为材质的灸罐。施灸用的灸材既可采用特制的无烟艾条，也可以使用精制的纯艾条、药物艾条。

10.痧灸法

痧灸法是借助痧灸治疗器将刮痧与艾灸相结合的一种温灸器灸法。

面刮法：手持痧灸器，向刮拭方向倾斜30°~60°，痧灸器治疗面的1/2接触皮肤，自上而下或从内向外均匀地向同一方向直线刮拭，此法适用于身体平坦部位。

平刮法：手持痧灸器，向刮拭方向倾斜角度小于15°，并且向下的渗透力度比较大，刮拭速度缓慢，自上而下或从内向外均匀地向同一方向直线刮拭，适用于疼痛部位的治疗。

关键技术：

（1）痧灸法综合了艾灸与刮痧两种中医外治法的优点。

（2）配合刮痧润滑剂使用，均匀涂擦润滑剂，用量宜薄不宜厚。

（3）手持痧灸器，灵活运用腕、臂力量，温灸器与皮肤的夹角约为45°，沿经络部位自上而下刮拭，或由内向外向同一方向刮拭，切忌来回刮拭。按顺序刮拭每个部位，刮拭力量要均匀一致。

（4）每个部位刮拭20次左右，以皮下轻微出现微紫红或紫黑痧点/斑块为度。

（5）速度快、按压力度大、刺激时间短为泻，速度慢、按压力度小、刺激时间长为补,速度适中、按压力度适中、时间介于补泻之间为平补平泻。

三、通脉温阳灸

通脉温阳灸是在研究铺灸、督灸的基础上发展起来的一种温灸器灸法,施灸部位在背腰部大椎穴至腰俞穴之间的督脉、膀胱经的第一侧线上。通脉温阳灸是以其功能和性质为基础命名的,其特点如下:①"温"是指艾灸疗法借助药艾炷或药艾条或隔物灸中的中药甘温、补益及辛香走窜的药理作用,和艾制品(艾炷或艾条)燃烧时的温热刺激,达到疏通经络、扶正补虚、祛除邪气之目的。②"通脉"指通脉温阳灸具有温通的作用,"温阳"是指通脉温阳灸具有温补的作用。③通脉温阳灸是一种温灸器灸法。④使用温灸器的通脉温阳灸既可放置姜末或蒜泥进行隔物灸,也可不放置;温和灸时可一条或数条经脉同时灸治。⑤使用组合式督灸盒、片段式督灸盒等通脉温阳灸灸盒时,可以在患者俯卧位时灸治,使用通脉温阳灸治疗床可以在患者仰卧位时从下向上施灸。⑥与艾烟净化器和艾烟净化车配合应用,从而达到无烟化治疗的效果。

四、脐腹灸

脐腹灸是指使用脐腹灸灸盒灸治以任脉神阙穴为中心的腹部,用以治疗胃肠道、泌尿生殖系统疾病的一种温灸器灸法。周楣声教授认为,以阴交穴为中心进行灸治,具有从阴引阳的作用,可治疗阳证、肢体及脏腑疾病。《灸绳·灸赋》中云:"肾为阴,腹为阴,阴中之阴,在阴交之周围。""百川归海,前后相通。"腹部灸法既包括神阙灸、中脘灸、阴交灸、气海灸、关元灸等重要的以穴位灸命名的灸法,也包括以腹灸命名的一般灸法,用于治疗腹部及全身疾病。脐腹灸灸盒是用于脐腹灸的灸具,适用于不同体型的人群,可用于临床治疗和预防保健,也可用于隔物灸或温和灸。

五、胸阳灸

胸阳灸是使用胸阳灸灸盒在前胸和后背部施灸的一种温灸器灸,具有振奋胸中阳气、祛除阴寒邪气的作用,前后配穴用于治疗心肺等中上焦及头面、上肢疾病。在胸背部施灸能够振奋胸中阳气,有祛除阴寒邪气,激发宗气、增强心肺功能的作用。头面、心肺等多种疾病均可在心俞与至阳上下的

贺氏针灸器械学术流派研究

胸椎两侧区域出现不同的病理反应及病理反应物,周楣声教授将这一区域称为"阳光普照区",在这一区域选穴并应用灸针治疗被称为"阳光普照法"。正如《灸绳·灸赋》中云:"心为阳,背为阳,阳中之阳,求至阳之上下。"胸阳灸灸盒呈"T"字形,与胸背部经脉循行特点相适应,灸盒内燃艾网由纵向和横向的"川"字形栅栏隔断,以固定艾条段在盒内的位置,实现定点施灸;灸盒内可以放置特制的药饼或铺放鲜姜末,进行隔物灸;盒盖设置排烟管,与艾烟净化器合用,以达无烟治疗的目的。

六、头颈灸

使用头颈灸灸盒在头顶、两颞、后头及颈项部施灸,用于治疗局部及全身疾病的一种温灸器灸法,称为头颈灸。中医认为"头为清阳之府","脑为髓海",手足三阳经经气在头面部交汇,督脉行于后项、头部正中,足太阳膀胱经、足少阳胆经分布于头顶、后枕、颈项督脉两侧。督脉入属于脑,膀胱经络脑,脑为元神之府。《难经·二十八难》中云:"督脉者,起于下极之输,并于脊里,上至风府,入属于脑。"《灵枢·经脉》有云:"膀胱足太阳之脉,起于目内眦,上额,交巅。其直者,从巅入络脑,还出别下项,循肩髆内,夹脊抵腰中。"在头部百会穴施灸以升阳举陷激发阳气,如灯火灸两颞部的角孙穴用于治疗痄腮、面瘫,灸上星治疗鼻流清涕。由于头部有头发分布,施灸不便,故头颈灸盒底部设置了不锈钢纱网将头发隔开。在头颈项部相应位置设置艾条施灸,可以治疗头颈局部和全身疾病。

七、肢体灸

肢体灸是在四肢部使用肢体灸盒、各种吹灸仪、灸架、多功能肢体熏灸盒、足灸盒等艾灸器械施灸的一种温灸器灸法。肢体灸是一种远端灸治方法,十二经之五输穴和原穴、八会穴、络穴均分布于四肢,临床用于治疗肢体局部疾病、近端脏腑疾病及精神疾病。

八、管灸

管灸亦称温管灸、苇管灸,使用台式管灸器熏灸耳道或用吹灸仪吹灸外耳道,是治疗耳道疾病或颞下颌关节炎、周围性面瘫等疾病的一种温灸器灸法。管灸疗法首载于唐朝孙思邈的《备急千金要方》:"以苇管筒长五寸,以一头刺耳孔中。四畔以面密塞,勿令泄气。一头内大豆一颗,并艾烧之令燃,灸七壮。"古代医家主要将管灸用于中风口㖞的治疗,现代中医采用管灸治疗耳鸣、耳聋、颞下颌关节炎等耳道及其周围疾病。

台式管灸器可用于耳道和体表腧穴的熏灸,患者治疗时保持一个舒适的体位,可水平横向熏灸或垂直向上、向下熏灸。

九、足灸

足灸疗法是使用各种足底灸盒在足底施行熏灸、按摩灸、隔物灸的一种温灸器灸法。治疗时,患者取坐位,双足放在足灸盒上,根据治疗目的可以选用不同灸法,既可灸治一个腧穴,也可整足施灸。足灸盒、足灸器可以用于温和灸,按摩足灸盒是将足底熏灸与足底按摩相结合的温灸器,隔物足灸盒是在足底施行隔物灸法的温灸器。

十、温灸器温针灸

温针灸,又称温针、针柄灸、烧针柄等,是将艾条段或艾炷固定在毫针针柄进行施灸,也是将艾灸和针刺结合在一起使用的针灸疗法。温针之名首见于《伤寒论》。温针灸主要用于治疗风湿、偏寒性的病证。如明代杨继洲所著的《针灸大成》中记载:"其法,针穴上,以香白芷作圆饼,套针上,以艾灸之,多以取效……此法行于山野贫贱之人,经络受风寒者,或有效。"

我们对传统的温针灸方法进行了改革和创新,设计制作了温针灸盒、温针灸架、帽式温针灸器等多种温灸器用于温针灸的治疗。温针灸盒的使用特点是在针刺后直接覆盖治疗部位,盒内艾条段对局部皮肤温和地熏灸。

十一、温灸器化脓灸

传统的化脓灸法以艾炷为灸材,将艾炷直接放置在皮肤上烧灼,灸后施灸部位起泡、化脓、结痂、留下瘢痕,形成永久性刺激,以达持续治疗的目的。化脓灸施灸过程中,疼痛剧烈,一般患者难以忍受。与之相对的是另一种灸法——温和灸,施灸过程温和舒适,灸后一般不起泡。临床治疗时,不只是艾炷直接在皮肤上烧灼可以起泡结痂形成瘢痕,其他灸法如点灸笔灸法、吹灸疗法、脐腹灸、按摩灸、胸阳灸、通脉温阳灸等灸法治疗时,也都可能出现水泡,形成瘢痕。由此可知,化脓灸不只与艾炷在皮表的直接烧灼有关,也与施灸时间、施灸强度、个人体质有关。因此,临床实践中形成了独具特色的点灸笔化脓灸法、脐腹灸化脓灸法、吹灸疗法化脓灸法、脐腹灸化脓灸法、按摩灸化脓灸法、胸阳灸化脓灸法、通脉温阳灸化脓灸法、隔物灸化脓灸法等梅花针灸学派化脓灸法。

十二、温灸器隔物灸

传统的隔物灸是以艾炷为灸材,以姜片、蒜片、附子饼等为隔衬物。其中,以姜片为隔衬物的称为隔姜灸,以蒜片为隔衬物的称为隔蒜灸,以附子饼为隔衬物的称为隔附子饼灸。以治疗性温灸器和辅助性温灸器用于隔物灸治疗,称为温灸器隔物灸。隔物灸实施过程中,由于艾炷大小和隔衬物厚度不成比例,艾热不稳定、忽高忽低,需不断调整艾温高低。艾温高低与隔衬物厚度、艾炷大小和松紧度密切相关,为此,我们设计制作了生姜切片铡刀用于切割标准厚度的姜片或蒜片,艾炷制作器用于制作不同规格的艾炷,解决了隔物灸艾热不均衡的难题。由于艾炷放置在隔衬物上容易滑落,且更换不方便,我们设计制作了隔物灸治疗器,使操作更方便。

十三、五官灸

1.眼灸

眼灸是指以眼灸器作为灸具进行施灸的一种温灸器灸法,是通过综合经络、腧穴、艾灸三者共同作用防治疾病的一种中医外治疗法。

隔核桃壳灸:核桃壳用药物浸泡后可以作为隔衬物进行熏灸。

隔物眼灸:闭目时借助眼灸器于眼睑表面隔姜末施灸。

温和眼灸:闭目时借助眼灸器悬空温和施灸。

2.鼻灸

鼻灸是五官灸法之一,是借助鼻灸器在鼻部施灸的一种温灸器灸法。鼻灸的操作方法包括鼻部隔物灸和鼻部熏熨温和灸。鼻与脏腑经络联系密切。鼻是经络、气血密布之处,通过经络与脏腑各部联系起来。鼻是手、足阳明经与督脉交会之处,手少阳小肠、足太阳膀胱、任脉亦循行于鼻部,故鼻为阴阳会合、诸经聚集之处,气血运行尤为旺盛,脏腑、气血的变化都可反应于鼻。

鼻灸包括鼻部温和灸,以及在鼻灸器放置隔衬物的鼻灸隔物灸。

3.耳灸

耳灸为五官灸之一,是借助耳灸器在耳部施灸的温灸器灸法之一。耳灸器包括熏灸耳道的苇管灸器和吹灸仪,以及熏灸整个耳郭的耳灸器。耳为肾之窍,手足少阳之脉分布于耳,而足太阳膀胱经、手太阳小肠经等亦循行于耳周,故耳通过经络与体内五脏六腑产生密切联系。

耳郭灸:单耳或双耳的整个耳郭同时施灸的一种方法。

耳道灸:借助吹灸仪或苇管器在耳道内施灸的一种方法。